BAND 23

HEFT 1–2

Zeitschrift für Meteorologie

im Auftrage der Meteorologischen Gesellschaft in der Deutschen Demokratischen Republik

herausgegeben von

K. BERNHARDT, BERLIN, E. A. LAUTER, BERLIN und H. PLEISS, DRESDEN

AKADEMIE-VERLAG GMBH · BERLIN

ZfMeteor. Bd. 23 Heft 1–2 S. 1–64 Berlin 1972

Inhaltsverzeichnis

Aufsätze

Originalmitteilung

Buchbesprechungen

Hinweise für unsere Autoren

1. In der „Zeitschrift für Meteorologie“ können Originalarbeiten (Aufsätze und Mitteilungen) in deutscher, englischer französischer, italienischer, russischer und spanischer Sprache veröffentlicht werden.
2. Jedem Aufsatz sollte vom Autor eine Zusammenfassung in deutscher Sprache sowie in einer Fremdsprache vorangestellt werden
3. Abbildungen sind in gut reproduzierbaren Vorlagen einzusenden. Die Beschriftung auf den Abbildungen soll mit Bleistift erfolgen. Der Maßstab für eine evtl. Verkleinerung oder Vergrößerung ist in der rechten oberen Ecke ebenfalls mit Bleistift anzugeben.
   Bei Karten ist die Quelle und der Maßstab anzugeben.
4. Die Manuskripte sind in Maschinenschrift $1^1/_2$-zeilig auf A-4 Bogen erwünscht.
5. Sollen bestimmte Manuskriptteile kleiner als der übliche Text oder kursiv bzw. gesperrt gesetzt werden, so ist das Manuskript für diesen Teil auch $1^1/_2$-zeilig zu schreiben, aber seitlich mit einem senkrechten Strich zu versehen und mit „Kleindruck“, „kursiv“ oder „gesperrt“ zu kennzeichnen.
6. Für das Literaturverzeichnis sind folgende Angaben erwünscht: Name und abgekürzter Vorname des Autors, Titel der Arbeit, Angabe der Zeitschrift, des Erscheinungsjahres und des -ortes sowie die Seitenangaben; entsprechende Angaben bei Büchern.
7. Die Redaktion macht darauf aufmerksam, daß der Verlag berechtigt ist, dem Autor den über 10% der Gesamtkosten des Satzes hinausgehenden Betrag für Korrekturen, die nicht durch Verschulden der Druckerei entstanden sind, in Rechnung zu setzen.
8. Jeder Autor erhält 50 Sonderdrucke kostenlos; bei Arbeiten mehrerer Autoren erhält jeder Autor 30 Sonderdrucke.
9. Es wird darum gebeten, Manuskripte direkt einem der Herausgeber einzureichen. Die Herausgeber sind berechtigt, ggf. den Autoren Änderungswünsche zu unterbreiten. Anschriften: Prof. Dr. K. Bernhardt, Sektion Physik der Humboldt-Universität Berlin, Bereich 09 Meteorologie und Geophysik, 1162 Berlin, Müggelseedamm 256, Prof. Dr. E. A. Lauter, 108 Berlin, Otto-Nuschke-Straße 22/23, Deutsche Akademie der Wissenschaften zu Berlin, Prof. Dr. H. Pleiß, Technische Universität Dresden, Sektion Wasserwesen, Bereich Hydrologie und Meteorologie, Außenstelle Tharandt, 8027 Dresden, George-Bähr-Straße 1.
10. Für den Inhalt der Arbeiten sind ausschließlich die Autoren verantwortlich. Die Redaktion ist für alle den Druck der Arbeiten betreffenden Fragen zuständig.

Zeitschrift für Meteorologie

BAND 23 · HEFT 1/2

551.501.9(234.539)

75 Jahre Wetterstation auf dem Brocken*)

Von **L. Rassow**

Mit 5 Abbildungen

Zusammenfassung: Die Geschichte der Wetterwarte von 1820 bis zur Gegenwart wird auszugsweise beschrieben.

Summary: The history of the weather station is described in extracts from 1820 to the present time.

Am 1. Oktober 1970 waren 75 Jahre vergangen, seitdem eine amtliche Wetterstation auf dem Brocken arbeitet. Anlaß genug, um die Zeit rückschauend zu überdenken, denn die ersten Überlegungen reichen noch viel weiter in das vorige Jahrhundert zurück.

Eingangs sind einige Worte zum Berg selbst zu machen.

Der Brocken mit einer Seehöhe von 1142 m weist als die Krönung des Oberharzes eine besonders markante Lage im norddeutschen Tiefland auf. Durch die Unmittelbarkeit der Erhebung geht seine Bedeutung bis in die Vorzeit zurück. Schon frühzeitig wurde der Berg von Menschen mit mancherlei Neigungen und verschiedenen Interessen bestiegen; vor allem waren es Naturwissenschaftler, die auf dem Brocken ihre Studien trieben.

Im September des Jahres 1820 machte *v. Oesfeld* während des ganzen Monats September stündlich von morgens 6 Uhr bis abends 10 Uhr barometrische Ablesungen. Das dürften die ersten meteorologischen Beobachtungen für einen bestimmten Zeitraum auf dem Brocken gewesen sein [16].

1839 bestieg der Naturforscher Heinrich *Blasius* aus Braunschweig in Begleitung des Chirurgen Prof. *Lachmann* den Berg. *Lachmann* machte sich um die meteorologische Erforschung des Harzes sehr verdient. Auf seine Anregung war bereits 1836 auf dem Brocken begonnen worden, „den Thermometerstand, Wind und Wetter und übrige sich ereignende Merkwürdigkeiten zu beobachten" [20]. Der Brockenhaus-Administrator *Nehse* führte die Beobachtungen bis 1850 aus. Im Oktober des gleichen Jahres übernahm sein Nachfolger *Köhler* die meteorologischen Messungen und Beobachtungen und machte diese recht gut bis 1859. Die Beobachtungstermine lagen 6a, 2p und 10p Uhr. Ein Heberbarometer war an der inneren Fensterbekleidung des Speisesaales vom Gasthaus angebracht. Die Thermometer wurden an einem Psychrometergestell an einer Stange befestigt und diese 20 Minuten vor Termin an einer passenden Stelle zwischen Hauptgebäude und Aussichtsturm aufgestellt [17].

Über das meteorologische Instrumentarium auf dem Brocken in der Zeit von 1838 bis 1847 berichtet ausführlich *Engelmann* [8].

Seit 1847 erfolgten die Aufzeichnungen im direkten Auftrag des Preuß. Meteorolog. Institutes [11].

Inzwischen war man aus mancherlei unterschiedlichen Überlegungen in Europa und Nordamerika zu dem Schlusse gekommen, daß sowohl Drachen- und Ballonaufstiege, als auch Bergobservatorien dringend benötigt würden [18].

Mit dem Eindringen in die dritte Dimension der Lufthülle glaubte man damals die Vorgänge in der Atmosphäre besser zu erfassen und dementsprechend auch bessere Ergebnisse in der Wetteranalyse und ihrer Anwendung auf die Wettervorhersage erzielen zu können.

---

*) gekürzt nach einem unveröffentlichten Manuskript des Verfassers.

„Allerdings dürfte anzunehmen sein, daß eine tägliche telegraphische Berichterstattung vom Brocken für die Herstellung der synoptischen Wetterkarten, vielleicht für den Sturmwarnungsdienst der Deutschen Seewarte in Hamburg werthvoll werden könnte" – soweit *Assmann* [2].

Diese Hoffnungen erwiesen sich ganz allgemein – wie sich schon wenige Jahre später herausstellte – als trügerisch. Die Vorhersagegenauigkeit wurde nicht besser.

Aber es gibt andere Realitäten, die ein Bergobservatorium so bedeutungsvoll machen: Sie sind die einzigen Stellen, bei denen die Elemente des Luftmeeres kontinuierlich beobachtet und registriert werden können, und das ist und bleibt ihr andauernder und unvergänglicher Wert [22].

Zwei Männer trieben die Errichtung eines Observatoriums auf dem Brocken voran: Der nachmalige Direktor des Preuß. Meteorologischen Institutes, Dr. *Hellmann*, und vor allen anderen der Vorsitzende des Magdeburger Brockenclubs und Vorsteher der Wetterwarte, Dr. *Assmann*. – Nicht uninteressant ist die Feststellung, daß der oben erwähnte Professor *Lachmann* und *Assmann* Mediziner waren. *Assmann* wechselte 1880 zur Meteorologie.

Assmann reichte 1884 eine Denkschrift über die Notwendigkeit einer Station erster Ordnung auf dem Brocken ein, die zwar günstig aufgenommen, aber von keinem praktischen Erfolg begleitet war [15].

Nach *Assmann's* Vorstellungen machte den Wert des Brockens weniger die Höhe als vielmehr seine weit vorgeschobene Lage aus. „Keiner der Berge Centraleuropas liegt den Zugstraßen der barometrischen Depressionen so nahe als der Brocken . . . der Brocken stellt eine Ergänzung seines schottischen Vetters, des bekannten Ben Nevis dar" [2].

Auf Grund der vom Brocken bereits vorliegenden Beobachtungsergebnisse, die von *Hellmann* zusammengestellt worden waren, erkannte man Mängel und Hindernisse [17]. Sie lagen vor allem in der Messung jeglichen Niederschlages. Im Winter kann bei lockerer Decke der Schnee auf der Kuppe aufgewirbelt werden und erneut in das Auffanggerät fallen und gewissermaßen zum zweiten Male gemessen werden [2].

Die Niederschlagsmessung erfordert auch heute noch auf dem Brocken Aufmerksamkeit.

Assmann war es durch Vorträge und Werbeaktionen gelungen, das Interesse soweit zu fördern, daß am 1. Dezember 1882 die Beobachtungen auf dem Brocken wieder aufgenommen werden konnten.

Der Fortgang der Beobachtungen scheiterte jedoch an geeigneten und geschulten Beobachtern; während des Sommers beobachtete ein Postgehilfe und während des Winters ein Mitarbeiter des Brockengasthauses.

Assmann ließ sich jedoch nicht entmutigen. „Am 20. September 1884 bestieg der große Teil der in Magdeburg tagenden Deutschen Meteorologischen Gesellschaft den Brocken, unter ihnen der Vorsitzende der Gesellschaft, Herr Geheimrath Prof. *Neumayer*." Das Interesse, welches der Letztere sowohl als auch die übrigen Meteorologen der Wiedereinrichtung einer meteorologischen Station nahmen, veranlaßte *Assmann* einen neuen Versuch zu machen, Beobachtungen vom Brocken zu erhalten [1].

In richtiger Erkenntnis der Lage verfolgte er nunmehr das Ziel, daß es nur mit Staatsmitteln möglich ist, „eine der Wichtigkeit entsprechende Station I. Ordnung dauernd dort zu erhalten".

Im Kultusetat wurden zur Errichtung einer meteorologischen Station auf dem Brocken 4200 Mark bewilligt [23]. Diese Summe hätte nicht ausgereicht, wenn nicht anderweitig Spenden eingegangen wären.

Die Eröffnung am 1. 10. 1895 wurde von Prof. *Assmann* vollzogen.

„Seit dem 1. Oktober 1895 ist die schmerzlich empfundene Lücke in dem Netze der norddeutschen meteorologischen Stationen ausgefüllt", wie der damalige Direktor des Meteorologischen Institutes v. *Bezold* ein halbes Jahr später bei den Einweihungsfeierlichkeiten am 31. Mai 1896 bei schönstem Wetter auf dem Brocken ausführte und der damals noch nicht als Singularität bekannte echte Regelfall des „Spätfrühlings" der Veranstaltung zustatten kam.

Abb. 1. Das Gebäudeensemble auf der Brockenkuppe 1896. Ganz rechts erste Wetterwarte. Reproduktion [19]

Der hölzerne, turmförmige Observatoriumsbau schloß sich unmittelbar an die Nordfront des Gasthauses an. Im untersten Stock befand sich das Wohnzimmer des Beobachters; darüber lag das „Gelehrtenzimmer", ein Begriff, der auf die früher schon eingerichteten Bergobservatorien Säntis und Sonnblick zurückgeht und sich bis in die Gegenwart am Brocken erhalten hat und schließlich befand sich im obersten, im dritten Stock das Beobachtungs- und Instrumentenzimmer.

Die Bedeutung der Station kam in der schon damaligen Reichhaltigkeit des Instrumentariums zum Ausdruck. Einige Instrumente und Geräte seien hier aufgeführt: 2 Stationsbarometer, 2 Aneroidbarographen,

Abb. 2. Erste Wetterwarte auf dem Brocken. Reproduktion aus: Das meteorologische Observatorium auf dem Brocken. Kgl. Pr. Met. Inst. Berlin 1896

1 Aspirations-Psychrometer, 1 Sonnenscheinautograph, 1 Schwarzkugel-Thermometer, 2 Wolkenspiegel und 1 Meteoroskop zur Messung von Wolken und Dämmerungserscheinungen [21].

Auf der Plattform stand eine große „Englische Wetterhütte". Ein nach *Assmann's* Angaben gebautes Schalenkreuz-Anemometer mit Windfahne und Übertragung der Umdrehungszahl und der Stellung der Windfahne ins Treppenhaus war am oberen Treppenaustritt auf der Plattform aufgebaut.

Der bekanntlich sehr starke Rauheisansatz auf dem Brocken schränkte jedoch die Verwendbarkeit von Windfahnen und Windmeßgeräten von vornherein stark ein und die Windmessung blieb lange ein ungelöstes Problem, obwohl schon 1899 *Assmann* Versuche mit einem heizbaren Anemometer auf dem Brocken anstellte.

Besondere Aufmerksamkeit galt von Anfang an – wie schon darauf hingewiesen wurde – der Niederschlagsmessung. 3 *Hellmann*sche Gebirgsregenmesser wurden im N, E und S und in genügender Entfernung von den Gebäuden auf der Brockenkuppe aufgestellt. Es wurde die größte der 3 täglichen Angaben mitgeteilt. Später vereinigte man „die Angaben der 3 Geräte zu einem Mittel $^1/_4$ (N + 2E + S); doch haben spätere Untersuchungen ergeben, daß es richtiger gewesen wäre, von den 3 Angaben den jeweils größten Wert zu nehmen", wie man es anfangs praktiziert hatte. Seit Oktober 1918 wurden die Niederschlagsmessungen nur noch an dem im E des Observatoriums stehenden Messer vorgenommen [13].

Zur Ergänzung des Arbeitsprogramms lesen wir in der Wernigeröder Lokalpresse von damals: „Die Durchsichtigkeit der Luft wird gemessen durch Fernblick auf den Kyffhäuser, den Inselsberg im Thüringer Walde und dem Meißner im Hessischen Berglande." Tatsächlich sind noch weit mehr Sichtmarken für Fernziele ringsum vorhanden. Die Beobachtungszeiten erfolgten täglich um 7^h, mittags 2^h und abends 9^h nach Ortszeit. Man hatte beim Beobachtungsprogramm auch an geophysikalische Messungen gedacht: „Die magnetischen Beobachtungen auf dem Brocken würden eine wesentliche Vervollständigung erfahren, wenn am Fuße des Brockens oder sonst in einem nahen Thale an geeigneter Stelle ein Apparat zur Registrierung der Deklinations- und Inklinationsnadelbewegung eingestellt würde, damit die magnetischen Äußerungen in der Höhe mit den gleichzeitigen in der Tiefe verglichen werden können" [23]. Hieraus ist nichts geworden.

Der erste Beobachter am Observatorium war Ludwig *Koch*. Er versah gleichzeitig den Postdienst. Bei 141311 Postsendungen auf dem Brocken im Jahre 1895 ließen sich beide Tätigkeiten schwerlich vereinen. Er kündigte nach einem Jahre [23].

Zur Basisstation wurde Ilsenburg genommen. Doch zeigte sich bald, daß sie nicht repräsentativ für das nördliche Harzvorland war. 1897 wurde eine Station II. Ordnung bei der Zuckerfabrik Wasserleben ins Leben gerufen, nachdem dort bereits 1882 und 1883 für den Verein für landwirtschaftliche Wetterkunde Beobachtungen in beschränktem Umfange gemacht worden waren. Jetzt konnten Gradienten verschiedener Art zwischen Brocken und Harzvorland bestimmt werden [8a]. Außer den gewöhnlichen Beobachtungen wurde noch notiert, ob zu den 3 Terminen der 17 km entfernte Brocken sehr gut (2), gut (1) oder gar nicht (0) zu sehen war [13].

Von Wasserleben wurde die Basisstation 1924 nach Schmatzfeld verlegt. Diese arbeitete bis 1963, nachdem 1946 auf dem ehemaligen Flugplatz von Wernigerode eine meteorologische Station zu arbeiten begonnen hatte.

Im Laufe der Jahre stellte sich heraus, daß das auf dem Brocken errichtete Gebäude bei dem sehr aggressiven Klima schadhaft und baufällig geworden war und kostspielige Reparaturen wirtschaftlich nicht tragbar erschienen [3].

Bereits im Etatsjahr 1909 wurden Mittel in Höhe von 52000 Mark zum Anbau eines neuen steinernen Observatoriums an das alte beantragt. Die Verhandlungen zogen sich hin, so daß erst im Mai 1912 mit dem Neubau begonnen werden konnte. Der Bau war im wesentlichen bis Ende September 1913 beendet und vom Beobachter bezogen worden. Am 10. Oktober des gleichen Jahres wurden die Instrumente nach dem Neubau gebracht und dort aufgebaut. Doch der letzte Ausbau zog sich bis zum ersten Weltkrieg hin und darüber hinaus [4, 5].

Der damals neue Turm wies wesentlich mehr Annehmlichkeiten für den Beobachter auf: Badezimmer, Vorratsräume, im 1. Stock Wohnzimmer des Beobachters, Küche und Speisekammer, im zweiten je 1 Wohn- und Schlafzimmer für einen Wissenschaftler, im dritten das Arbeitszimmer des Beobachters und eine Dunkelkammer, im vierten Stock mit Fenstern nach allen 4 Richtungen das Beobachtungs- und Instrumentenzimmer. Bemerkenswert ist der Aufbau eines selbstschreibenden Anemometers vom System Sprung-Fueß in der ersten Hälfte des Jahres 1915. Das waren die ersten Windregistrierungen von einem Gipfel der deutschen Mittelgebirge, die von *Hellmann* zu einer Studie verarbeitet wurden [12]. Er strebte überhaupt eine weitere Ausnutzung der beiden Gipfelobservatorien*) Brocken und Schneekoppe zu meteorologischen Arbeiten an [3].

Im Herbst 1934 erhielt die Station versuchsweise ein Universalwindmeßgerät. Die exponierte Lage des Observatoriums wurde zu Sondermessungen und zur Ausrüstung mit Spezialinstrumenten (Graukeilphotometer zur Bestimmung der Himmels- und Gesamthelligkeit, Aktinometer) genutzt. Auch zur Beobachtung astronomischer Ereignisse diente die Warte [6].

Heute aktuell gewordene Messungen über Luftverschmutzungen wurden vor dem ersten Weltkriege schon auf dem Brocken von *Kähler* angestellt, indem er Staubgehalte der Atmosphäre vergleichsweise bestimmte [14]. Aus den gleichen Jahren stammen auch Messungen der Radioaktivität [7].

Schon bald nach der Vollendung des Gebäudes erwiesen sich die Granitwände als undicht, da bei Schlagregen Wasser durch die Fugen bis an die Instrumentenwände getrieben wurde. Um dem Übelstand Einhalt

Abb. 3. Zweite Wetterwarte auf dem Brocken. Links daneben die erste. Reproduktion einer Aufnahme von *Rudolphi*, Braunlage

Abb. 4. Jetzige (dritte) Wetterwarte, phot. *Nitschke*

*) Brocken und Schneekoppe

zu bieten, erhielt der Turm in seinem oberen Teil 1918–1919 eine Holzverschalung. Gleichzeitig wurde eine Zentralheizung eingebaut.

Süring schrieb: . . . . . . es ist zu hoffen, daß das neue Haus dieses Jahrhundert überdauert [20].

Diese Hoffnung erfüllte sich nicht. Im Jahre 1937 begann die Reichspostverwaltung mit dem Bau eines 64 m hohen Fernsehturmes auf dem Brocken ganz dicht beim Observatorium, wodurch sich Temperatur-, Niederschlags- und Windverhältnisse wesentlich änderten. Der Wetterdienst war gezwungen, sich nach einem neuen Standort umzusehen. Dieser wurde auf der Kuppe in etwa 250 m südöstlicher Richtung unmittelbar neben dem botanischen Garten gefunden. 1938 wurde dort das dritte, jetzige Gebäude errichtet. Nach *Glass* [9] wurde das neue Gebäude im Frühjahr 1939 seiner Bestimmung übergeben.

Sechs Jahre wurde im neuen Turm gearbeitet, denn kurz vor dem Zusammenbruch verließen die Wetterbeobachter das Gebäude, das am 17. 4. 45 durch Bombenangriff und Beschuß auf die Kuppe stark in Mitleidenschaft gezogen wurde [9].

Durch die Zeitereignisse und ihre bedingten Umstände ergab sich eine reichlich 2 Jahre währende Unterbrechung der meteorologischen Arbeit auf dem Brocken.

Der mit Befehl 602 der Sowjetischen Militäradministration 1945 geschaffene Landeswetterdienst von Sachsen-Anhalt ließ sich in seinem Direktor, Dr. *Mäde*, den Wiederaufbau des Brockenobservatoriums als eine Hauptaufgabe sehr angelegen sein.

Im September 1947 wurde von 2 Mitarbeitern auf dem Brocken im Sendeturm Quartier bezogen und am 13. September des gleichen Jahres gingen die ersten Wettermeldungen von der behelfsmäßigen Station Brocken in alle Welt.

Am 21. Oktober 1948 erfolgte die Übersiedlung in das wiederhergestellte 20 m hohe Turmgebäude der Wetterwarte.

Schätzungsweise 90 Beobachter sind seit Gründung bis heute auf dem Brocken gewesen. Der berühmteste unter ihnen dürfte der 1930 im Grönlandeis verschollene Geophysiker und Polarforscher Alfred *Wegener* gewesen sein.

Zum Abschluß sei der Brocken mit einigen anderen Bergstationen verglichen.

	Seehöhe in m	beobachtet seit
Feldberg (Taunus)	807	1913
Kahler Asten	850	1918
Gr. Inselsberg	916	1887
Hohen Peißenberg	977	1781
Brocken	1140	1895
Fichtelberg	1213	1916
Ben Nevis	1343	(1884?)
Feldberg (Schwarzw.)	1493	1921
Sněžka (Schneekoppe)	1600	1880
Obir	2050	1851
Säntis	2510	1882
Zugspitze	2962	1900
Sonnblick	3110	1886

Viel Idealismus und Naturverbundenheit gehören dazu, unter den weitaus extremeren Witterungsbedingungen eines Berges – besonders des Brockens – gegenüber Tieflandstationen meteorologische Routinearbeit und auch Sonderarbeiten zu leisten, wie *Hellmann* schon 1882 bestätigte: „Darum ist die Witterung auf dem Brocken eine viel rauhere, soweit Rauhheit derselben durch heftige Winde und häufige Nebel gekennzeichnet wird, als auf vielen anderen, weit höheren Bergen Deutschlands“ [10].

Wertvoll unterstützt wurde ich in der Arbeit durch Volkskorrespondent *Litgau* und durch den jetzigen Leiter der Wetterwarte auf dem Brocken *Nitschke*. Beiden sei an dieser Stelle vielmals gedankt.

Abb. 5. Rauheisansatz auf der Turmplattform, phot. *Nitschke*

Literatur

[1] *Assmann, R.*, Vom Brocken. „Das Wetter", I. Jg. 1885.
[2] ders., Über die Nothwendigkeit der Errichtung einer Station erster Ordnung auf dem Brocken. „Das Wetter", IX. Jg. 1892.
[3] Bericht über die Tätigkeit des Kgl. Preuß. Meteor. Inst. im Jahre 1910, Bln. 1911.
[4] Bericht über die Tätigkeit des Kgl. Preuß. Meteor. Inst. im Jahre 1913, Bln. 1914.
[5] Bericht über die Tätigkeit des Kgl. Preuß. Meteor. Inst. im Jahre 1915, Bln. 1916.
[6] *Budig, W.*, Beobachtungen auf dem Brockenobservatorium während der Sonnenfinsternis vom 17. April 1912. Ber. d. Kgl. Pr. Met. Inst. im Jahre 1912, Bln. 1913.
[7] ders., Messungen der Radioaktivität der atmosphärischen Luft auf dem Brocken. Ber. d. Kgl. Pr. Met. Inst. im Jahre 1910, Bln. 1911.
[8] *Engelmann, G.*, Das Instrumentarium der Wetterwarte auf dem Brocken (1838–1847). Sonderabdr. aus Nova Acta Leopoldina NiF. Bd. 27, Nr. 167. *Rudolph Zaunigk*, Festschrift 1963.
[8a] *Elsner, G. v.*, Die vertikale Temperaturverteilung zwischen Wasserleben und Brocken. Veröff. d. Preuß. Met. Inst. 1926.
[9] *Glass, Kurt*, Geschichte und Stationsbeschreibung der Wetterwarte Brocken. Unveröff. Manuskript, Jan. 1951.
[10] *Hellmann, G.*, Klima des Brockens. *Kettler*'s Zeitschrift für wissensch. Geographie 1882, Bd. III, H. 1.
[11] ders., Hauptresultate der älteren Brockenbeobachtungen. In: Preuß. Statistik LIX, hg. vom Kgl. Statist. Bureau in Berlin. Bln. 1881.
[12] ders., Die Windgeschwindigkeit auf dem Brockengipfel. MZ 34, 1917.
[13] Aus Meteorologischen *Jahrbüchern* „Veränderungen an den Stationen", 1897, 1898, 1899, 1901, 1902, 1905, 1910, 1913, 1914–1918, 1919–1923, 1930, 1931, 1933, 1934, 1935, 1947, 1948, 1950.
[14] *Kähler, K.*, Staubmessungen in Potsdam, auf dem Brocken und auf der Schneekoppe. Ber. d. Kgl. Pr. Met. Inst. im Jahre 1911, Bln. 1912.
[15] *Magdeburgische Zeitung* Nr. 38 vom Freitag d. 22. Januar 1892, Die Einrichtung einer meteorologischen Station erster Ordnung auf dem Brocken (ohne Verfasser).
[16] *Oesfeld, K. W. v.*, Ein meteorologischer Traum. Annalen der Physik, Bd. 73, Leipzig 1823.
[17] Preußische *Statistik*, Vom Kgl. Statist. Bureau in Berlin. Ergebnisse der meteorolog. Beobachtungen im Jahre 1880, Bln. 1881.
[18] *Stone, R. G.*, Die Bergobservatorien in den Vereinigten Staaten v. Amerika. Ztsch. f. angewandte Meteor. „Das Wetter", 53. Jg., Hft. 9.
[19] *Süring, R.*, Das meteorologische Observatorium auf dem Brocken. MZ 14. Jg., 1897.
[20] ders., Zur Geschichte der Wetterwarte auf dem Brocken. In: „Der Brocken", Abhandl. über die Geschichte und Natur des Berges. Braunschweig 1926.
[21] *Veröffentlichungen* des Kgl. Preuß. Met. Inst. – Ergebnisse an den Stationen II. und III. Ordnung im Jahre 1895. Bln. 1899.
[22] Festrede Prof. *Weickmann*'s zur Fünfzigjahrfeier des Observatoriums Zugspitze. Berichte des Deutschen Wetterdienstes in der US-Zone, Nr. 31, Bad Kissingen 1951.
[23] „Wernigeröder Zeitung und Intelligenzblatt" – Amtliches Blatt des Kreises Wernigerode. Jg. 1895 und 1896.

Anschrift: Dr. L. Rassow, Meteorologischer Dienst der DDR, Amt für Meteorologie Halle, 402 Halle/S., Rathenauplatz 5

551.551.8
551.510.522

Vergleich zweier universeller Funktionen für bodennahe Profile anhand der Kerang Profile

Von **W. Gerstmann**

Zusammenfassung: Die ersten 34 Kerang Profile, die bereits von verschiedenen Autoren bearbeitet wurden, wurden mit der von *Zilitinkevič* angegebenen Approximation der universellen Funktion von Monin-Obuchov für bodennahe Profile angenähert und nach turbulentem Wärmestrom und Schubspannungsgeschwindigkeit aufgelöst. Es konnte gezeigt werden, daß die Unterschiede der Approximationen für die universelle Funktion hauptsächlich auf Unterschieden des gemessenen turbulenten Wärmestroms beruhen, die recht groß gewesen sein müssen (etwa Faktor zwei!).

Summary: The first 34 Kerang profiles, which had earlier been dealt with by other authors, were approximated to the Monin-Obuchov universal function of near-ground profiles on the basis of an expression given by *Zilitinkevič*; solutions were found for the turbulent heat flux and the friction velocity. Differences in the approximations used for the universal function were found to be mainly caused by differences in the measured turbulent heat flux, which must have been rather great (appr. factor 2).

Mit der Publikation des auf mehreren Expeditionen gesammelten Materials, die mit der Arbeit von *W. C. Swinbank* [1] begann, wurden mikrometeorologische Messungen mit einer Präzision vorgelegt, die auch heute noch nicht überall auf der Welt erreicht ist. Das hat sowohl instrumentelle als auch durch das ideale Gelände bedingte Gründe. Die ersten 34 dieser Profile [1, 2] wurden bereits mehrmals von verschiedenen Seiten bearbeitet. Nach Erscheinen der Arbeit von *Zilitinkevič* [3] lag es nahe, die Kerang Profile einmal mit einer der von *Zilitinkevič* vorgelegten universellen Funktionen nach Wärmestrom und Schubspannungsgeschwindigkeit zu bearbeiten. Man könnte dies prinzipiell so machen, daß man Temperatur- und Windprofile kombiniert verwendet, da *Zilitinkevič* u. a. die universellen Funktionen für Wind und Temperatur getrennt angibt. Der Vorteil wäre, daß man dadurch mehr Meßpunkte gewinnen würde. Dieser Weg wurde hier nicht beschritten, um einen Vergleich mit den Rechnungen *Klug*'s zu haben. Es wurden die Gleichungen (14) der *Zilitinkevič*'schen Arbeit verwendet. Diese Gleichungen wurden bereits von *Zilitinkevič* zur Bestimmung der empirischen Konstanten σ des *Keyps* Profils verwendet und ergaben durch Minimierung der Abweichung zwischen beiden Funktionen in einem bestimmten Bereich z/L einen Wert $\sigma = 12$ (im Unterschied zu dem von *Panofsky* aus den Kerang Profilen hergeleiteten und von *Klug* benutzten Wert $\sigma = 7$). Unsere Rechnungen erübrigen sich deshalb keineswegs, da erst eine Berechnung gemessener Werte von Schubspannung und Wärmestrom aus gemessenen Profilen in Verbindung mit der Approximationsgüte durch das theoretische Profilmodell erweisen kann, welchen Wert die Approximation der universellen Funktion hat. In unserem Fall ergab sich, daß offenbar die zugrunde liegenden Wärmeströme etwa um einen Faktor zwei verschieden sein müssen. Unterschiede dieser Größenordnung wurden tatsächlich auch schon im Rahmen von Vergleichsmessungen festgestellt [6].

Versteht man unter φ den Ausdruck

$$\varphi = \frac{k z}{u_*} \frac{dV}{dz}$$

mit $k =$ *Karman*'sche Konstante, $u_* =$ Schubspannungsgeschwindigkeit, $V =$ Wind in der Höhe z, $\zeta = z/L$, $L =$ *Monin-Obuchov*'sche Länge, so bekommt man durch Integration

(1) $$V = \frac{u_*}{k} \{f(\zeta) - f(\zeta_0)\},$$

d. h. für die universellen Funktionen φ und f gelten die Beziehungen

(2) $$\varphi = \zeta \frac{df}{d\zeta} \quad \frac{\partial f}{\partial L} = -\frac{\varphi}{L}.$$

Die Autoren, die das *Keyps* Profil herleiteten, bekamen für φ die Gleichung

$$\varphi^4 - \sigma \zeta \varphi^3 - 1 = 0$$

und daraus durch Integration auch für f analytische Ausdrücke [7].

Mit $u_*/k = V_*$ ist (1) äquivalent zu

(3) $$V = V_* \{f(\zeta) - f(\zeta_0)\}$$

Minimiert man nach der Methode der kleinsten Quadrate, lautet die Bedingung

(4) $$\Sigma\{V_i - V_*[f(\zeta_i) - f(\zeta_0)]\}^2 = \Sigma \varepsilon_i^2 = \text{Min.}$$

Von *Klug* [4] wurde etwas anders minimiert, nämlich

$$\sum \left\{ \frac{V_i}{V_*} - f(\zeta_i) + f(\zeta_0) \right\}^2 = \text{Min.} \tag{5}$$

Durch Differentiation nach V_* und L und Nullsetzen bekommt man aus (4) und (5) je zwei Gleichungen und damit durch Beseitigung von V_* aus (4)

$$\{\Sigma\, V_i(\varphi_i - \varphi_0)\}\{\Sigma(f_i - f_0)^2\} - \{\Sigma\, V_i(f_i - f_0)\}\{\Sigma(f_i - f_0)(\varphi_i - \varphi_0)\} = g(L) = 0 \tag{6}$$

und analog aus (5)

$$\{\Sigma\, V_i(f_i - f_0)\}\{\Sigma\, V_i(\varphi_i - \varphi_0)\} - \{\Sigma\, V_i^2\}\{\Sigma(f_i - f_0)(\varphi_i - \varphi_0)\} = g_*(L) = 0 \tag{7}$$

Der Unterschied zwischen $g(L)$ und $g_*(L)$ hat seine Ursache in dem Unterschied der Minimierungsbedingungen (4) und (5). Die Lösung des Problems ist damit auf das Aufsuchen der Nullstellen der Funktionen $g(L)$ bzw. $g_*(L)$ zurückgeführt. Die Bestimmung von V_* bzw. u_* kann dann nach einer der aus (4) bzw. (5) durch Differentiation gewonnenen Gleichungen erfolgen. Bei Approximation der universellen Funktionen in (6) und (7) durch dieselbe Funktion unterscheiden sich die Nullstellen, d. h. die Lösungs-L nur wenig ($< 0{,}5$ m).

Zu unseren Rechnungen benutzten wir die auch schon von *Klug* bearbeiteten 34 Kerang Profile und die universelle Funktion in der von *Zilitinkevič* approximierten Form der Gleichungen (8).

$$f(\zeta) = \begin{cases} \ln \zeta + 10{,}0\,\zeta & 0 < \zeta \\ \ln|\zeta| & -0{,}07 \leqq \zeta \leqq 0 \\ 0{,}25 + 1{,}20\,\zeta^{-\frac{1}{3}} & \zeta < -0{,}07 \end{cases} \tag{8}$$

Diese Approximation wurde bereits von *Zilitinkevič* mit der *Keyps* Approximation verglichen und führte durch Minimierung der Differenz zwischen beiden in dem Bereich $-1{,}2 \leqq \zeta \leqq 0{,}4$ zu einem $\sigma = 12$. Absolutwerte (in cm/s) über die Güte der Approximation mit (8) sind in der Arbeit von *Zilitinkevič* nicht angegeben.

Zu den zugrunde liegenden empirischen Daten aus [1] und [2] wäre noch folgendes zu sagen. Vergleicht man die turbulenten Wärmeströme für gleiche Zeitpunkte miteinander, kann man Unterschiede feststellen (z. B. Faktor 1,8 bei Profil Nr. 19). Es wurden offenbar Korrekturen angebracht, die jedoch nirgends erwähnt werden. Zur Verschiebungshöhe heißt es in [2] auf S. 8 die angegebenen Höhen seien Höhen über einer Verschiebungshöhe. In [1] S. 126 wurde eine Verschiebungshöhe von etwa 1 cm benutzt. Es zeigte sich allerdings bei unseren Rechnungen, daß auch die Verwendung eines größeren Betrages, z. B. 2,5 cm, nur unwesentlichen Einfluß auf das Ergebnis hat. Unsere Rechnungen nach Gleichung (6) wurden nach der regula falsi auf einer BESM-6 durchgeführt. Dabei wurden sechs Versionen verwendet. Setzen wir $\zeta = (z + z_0 + d)/L$, z_0 Rauhigkeitshöhe, d Verschiebungshöhe, wurden folgende Versionen benutzt:

1. $d = -2{,}5$ cm	$z_0 = 0{,}23$ cm	
2. $d = -2{,}5$ cm	$z_0 = 0{,}31$ cm	
3. $d = 0$	$z_0 = 0{,}23$ cm	$\zeta = z/L$
4. $d = 0$	$z_0 = 0{,}31$ cm	$\zeta = z/L$
5. $d = 0$	$z_0 = 0{,}23$ cm	$\zeta = (z + z_0)/L$
6. $d = 0$	$z_0 = 0{,}31$ cm	$\zeta = (z + z_0)/L$

Der Wert $z_0 = 0{,}23$ cm ist der von *Swinbank* für das Gelände bestimmte Wert, $z_0 = 0{,}31$ cm wurde von *Panofsky* bestimmt und auch von *Klug* verwendet. Die Rechenergebnisse sind zusammen mit Ergebnissen von *Swinbank* und *Klug* in den folgenden Tabellen zusammengestellt. Die Güte der Approximation wurde für jede Version gemäß

$$\left\{\frac{1}{N}\Sigma\,\varepsilon_i^2\right\}^{\frac{1}{2}} = \left\{\frac{1}{N}\Sigma\,V_i^2 - \frac{1}{N}\frac{[\Sigma\,V_i(f_i - f_0)]^2}{\Sigma(f_i - f_0)^2}\right\}^{\frac{1}{2}} \tag{9}$$

für das Minimum berechnet.

Tabelle 1. *Approximationsgüte der einzelnen Versionen zusammen mit Klug's Sū*

Profil Nr.	*Sū*	1	2	3	4	5	6	
1	0,8	2,4	3,0	1,7	2,4	1,7	2,2	[cm/s]
2	0,6	2,8	3,3	2,2	2,8	2,0	2,6	
3	1,6	2,2	2,4	2,0	2,0	2,0	2,0	
4	1,6	3,0	3,7	2,4	3,2	2,2	3,0	
5	1,0	2,6	3,0	2,2	2,4	2,2	2,4	
6	2,4	2,4	2,6	2,6	2,4	2,6	2,4	
7	1,6	3,3	4,1	2,8	3,6	2,8	3,5	
8	2,6	2,0	2,0	2,0	2,0	2,0	2,0	
9	1,9	1,7	1,7	1,7	1,7	1,7	1,7	
10	2,9	2,2	2,2	2,2	2,2	2,2	2,2	
11	2,6	2,4	2,4	2,2	2,2	2,2	2,2	
12	1,0	2,2	2,6	1,7	2,2	1,7	2,0	

Profil Nr.	$S\bar{u}$	1	2	3	4	5	6	
13	1,4	2,0	2,0	1,7	1,7	1,7	1,7	[cm/s]
14	0,8	2,8	3,1	2,2	2,6	2,2	2,6	
15	1,7	2,6	2,8	2,2	2,4	2,2	2,4	
16	2,5	3,2	3,2	2,8	3,0	2,8	2,8	
17	1,6	2,8	3,0	2,4	2,6	2,4	2,6	
18	2,5	2,0	2,2	1,7	2,0	1,7	2,0	
19	0,7	1,4	2,6	1,0	2,0	1,0	2,0	
20	2,5	2,8	4,8	2,0	4,0	2,0	3,9	
21	1,8	3,0	3,3	2,6	2,8	2,6	2,8	
22	0,9	1,4	2,0	1,0	1,4	1,0	1,4	
23	1,0	1,7	2,2	1,0	1,7	1,0	1,7	
24	1,1	3,3	4,8	2,4	3,9	2,2	3,7	
25	2,6	2,6	4,5	1,7	3,3	1,4	3,2	
26	4,4	6,8	8,2	5,7	7,1	5,6	7,0	
27	3,6	5,7	7,2	4,6	6,2	4,5	6,0	
28	2,2	3,2	4,7	2,2	3,6	2,0	3,5	
29	1,4	3,0	4,1	2,2	3,2	2,0	3,2	
30	3,7	2,2	3,3	1,7	2,6	1,7	2,4	
31	0,7	2,8	4,5	1,7	3,5	1,7	3,3	
32	2,4	1,7	3,5	1,0	2,2	1,0	2,2	
33	4,2	5,8	8,1	4,5	6,8	4,4	6,6	
34	4,0	4,6	6,8	3,5	5,5	3,3	5,3	

Tabelle 2. *Schubspannungsgeschwindigkeit (cm/s) u_{*M}, u_* aus [1], u_{*Kl} aus [4] und u_* für die einzelnen Versionen*

Profil Nr.	u_{*M}	u_*	u_{*Kl}	1	2	3	4	5	6
1	28,5	27,8	31,0	29,3	30,9	29,1	30,7	29,1	30,7
2	26,3	25,8	28,5	27,0	28,5	26,9	28,3	26,8	28,3
3	24,8	24,9	27,2	25,6	27,1	25,5	26,9	25,5	26,9
4	26,3	25,9	28,4	27,0	28,5	26,9	28,3	26,9	28,3
5	22,5	22,8	24,3	23,2	24,4	23,0	24,3	23,0	24,3
6	22,4	25,1	24,5	23,4	24,7	23,3	24,5	23,3	24,5
7	22,3	22,2	23,8	22,8	24,1	22,7	24,0	22,7	23,9
8	22,1	22,1	24,5	23,0	24,3	22,8	24,1	22,8	24,1
9	22,5	20,8	24,9	23,3	24,7	23,2	24,5	23,2	24,5
10	23,8	24,3	26,5	24,8	26,3	24,7	26,1	24,6	26,0
11	24,9	22,9	27,6	25,8	27,4	25,7	27,2	25,7	27,1
12	26,8	27,2	29,2	27,6	29,1	27,4	29,0	27,4	28,9
13	24,1	23,1	26,6	24,9	26,4	24,8	26,2	24,8	26,2
14	26,0	25,2	28,2	26,7	28,2	26,5	28,0	26,5	28,0
15	25,2	24,7	27,6	26,0	27,5	25,9	27,3	25,8	27,3
16	24,3	23,8	26,7	25,2	26,6	25,0	26,5	25,0	26,4
17	23,8	23,3	26,1	24,6	26,0	24,4	25,8	24,4	25,8
18	23,2	24,4	25,5	24,0	25,4	23,9	25,2	23,9	25,2
19	23,9	25,6	25,7	24,7	26,0	24,6	25,9	24,6	25,9
20	23,5	23,7	24,7	24,0	25,2	24,0	25,1	24,0	25,1
21	27,5	28,3	29,9	28,4	30,0	28,2	29,8	28,2	29,8
22	26,2	27,1	28,6	27,1	28,6	26,9	28,4	26,9	28,4
23	19,3	19,5	20,9	19,8	20,9	19,7	20,8	19,7	20,8
24	34,3	35,7	36,7	35,3	37,1	35,1	36,9	35,1	36,9
25	37,5	38,9	40,1	38,5	40,5	38,4	40,4	38,4	40,3
26	37,9	35,3	40,1	38,3	40,4	38,2	40,2	38,1	40,2
27	38,6	36,8	40,9	39,2	41,3	39,0	41,1	39,0	41,0
28	37,1	37,8	39,8	38,1	40,1	37,9	39,9	37,9	39,9
29	35,3	35,4	38,0	36,2	38,2	36,0	38,0	36,0	38,0
30	35,5	37,8	38,4	36,7	38,6	36,6	38,5	36,5	38,4
31	36,8	38,5	39,5	37,9	39,9	37,8	39,7	37,8	39,7
32	37,7	40,3	40,4	38,9	40,9	38,7	40,7	38,7	40,7
33	41,1	39,0	43,4	41,8	44,0	41,7	43,8	41,7	43,8
34	41,4	40,9	43,7	42,3	44,4	42,2	44,2	42,1	44,2

Tabelle 3. *Wärmestrom (mW cm^{-2}). Erste und zweite Spalte gemessene Werte aus [1] und [2], H_B und H_W aus [4], H aus [1] und für die einzelnen Versionen*

Profil Nr.	gemessen 1962 [1]	[2]	H_B	H	H_W	1	2	3	4	5	6
1	33,5	33,4	37,5	34,3	39,1	16,5	24,0	14,9	21,6	14,8	21,3
2	30,0	39,3	35,2	24,9	27,1	11,7	17,1	10,7	15,4	10,6	15,2
3	24,8	22,9	29,7	24,7	29,4	12,2	17,5	11,0	15,7	10,9	15,5
4	20,2	22,2	25,2	21,0	19,2	9,0	13,2	8,2	11,9	8,1	11,8

Profil Nr.	gemessen [1]	1962 [2]	H_B	H	H_W	1	2	3	4	5	6
5	16,0	15,8	18,3	14,1	13,7	6,4	9,2	5,8	8,4	5,7	8,3
6	12,0	10,6	16,4	12,2	10,2	5,2	7,6	4,7	6,9	4,7	6,8
7	8,0	13,5	8,6	9,2	7,4	3,8	5,8	3,5	5,3	3,4	5,2
8	23,5	18,0	28,9	21,3	30,0	11,6	16,2	10,4	14,6	10,3	14,5
9	25,5	33,2	29,7	23,6	35,0	13,8	19,5	12,5	17,6	12,3	17,3
10	31,5	31,6	34,8	26,7	37,9	14,6	20,6	13,2	18,6	13,1	18,3
11	31,0	32,2	35,2	32,7	46,5	18,4	26,1	16,6	23,4	16,4	23,1
12	27,5	25,8	31,0	27,6	31,3	13,4	19,3	12,2	17,5	2,1	17,2
13	26,0	29,2	30,6	25,4	36,6	14,2	20,2	12,7	18,2	12,6	17,9
14	26,0	23,8	29,4	25,7	28,3	12,2	17,7	11,1	16,0	11,0	15,7
15	29,0	37,8	32,1	26,4	30,9	12,8	18,4	11,6	16,5	11,4	16,3
16	27,5	28,6	24,2	24,1	30,8	12,6	18,0	11,4	16,2	11,2	16,0
17	24,0	24,0	22,2	22,2	25,6	10,5	15,0	9,5	13,6	9,4	13,4
18	16,0	16,0	14,4	20,2	23,7	9,5	13,7	8,6	12,3	8,6	12,2
19	7,5	13,6	11,2	8,4	6,7	3,8	5,6	3,4	5,1	3,4	5,0
20	2,0	1,2	5,0	2,4	2,0	1,3	2,2	1,2	2,0	1,2	2,0
21	31,0	33,2	33,1	27,6	30,5	13,6	19,6	12,3	17,7	12,2	17,4
22	32,7	30,8	35,5	27,6	31,5	13,3	19,1	12,1	17,3	12,0	17,1
23	8,5	8,4	8,0	8,8	8,8	4,0	5,6	3,6	5,2	3,6	5,1
24	26,6	36,0	34,2	27,6	23,8	12,7	19,0	11,7	17,3	11,6	17,1
25	33,6	27,2	43,1	37,5	31,3	16,6	24,5	15,3	22,4	15,1	22,1
26	34,4	38,0	44,1	44,9	39,4	19,5	29,3	17,7	26,5	17,6	26,1
27	35,2	–	45,1	46,1	39,8	20,1	30,1	18,2	27,2	18,1	26,9
28	33,6	34,2	43,1	45,9	40,5	20,2	29,6	18,4	26,9	18,2	26,6
29	34,4	32,0	44,2	48,6	48,0	23,1	33,3	21,0	30,3	20,8	29,9
30	35,4	–	45,4	36,2	31,4	15,2	22,5	14,0	20,5	13,9	20,3
31	33,0	29,2	42,4	36,7	30,7	16,4	24,5	15,1	22,3	14,9	22,0
32	30,5	26,1	39,1	35,1	28,7	16,1	23,7	14,8	21,6	14,7	21,4
33	27,2	21,4	34,9	32,4	26,6	15,3	23,2	13,9	21,2	13,8	20,9
34	21,0	19,0	27,0	22,6	20,9	13,2	20,4	12,1	18,6	12,0	18,3

Man kann u. a. folgende Schlüsse ziehen:

1. Die Approximation der gemessenen Profile mit (10) ist sehr gut, jedoch schlechter als mit dem *Keyps* Profil bei Verwendung von $\sigma = 7{,}0$ (*Klug*)
2. Bei Verwendung von $z_0 = 0{,}23$ cm ist die Approximation besser als mit $z_0 = 0{,}31$ cm
3. Die Unterschiede bei der Berechnung von u_* sind nicht sehr erheblich
4. Mit der *Zilitinkevič*'schen Approximation für die universelle Funktion ergeben sich erheblich geringere Wärmeströme als mit der Approximation durch die *Keyps* Funktion
5. Die berechneten Werte des Wärmestroms nach der *Zilitinkevič*'schen Approximation stimmen nicht sehr gut mit den gemessenen überein.

Die unter 5. genannte Tatsache ist am schwerwiegendsten. Die Differenzen haben offenbar ihre Ursache hauptsächlich in Differenzen der bei der Bestimmung der Approximationen für die universelle Funktion verwendeten Meßdaten, und hier hauptsächlich im Wärmestrom. Dieses Ergebnis ist angesichts der Ergebnisse des ersten größeren Vergleichs von Instrumenten zur Messung des turbulenten Wärmestroms [6], der einen Faktor zwei bei nebeneinanderstehenden Instrumenten ergab, zu erwarten gewesen. Es unterstreicht andererseits die Notwendigkeit weiterer Vergleiche und einer Verbesserung der Meßtechnik.

Literatur

[1] *Swinbank, W. C.*, The exponential wind profile. Quart. J. R. M. Soc. 90 (1964) 119–135.
[2] *Swinbank, W. C., A. J. Dyer*, Micrometeorological expeditions 1962–1964. Division of Met. Physics Techn. Paper Nr. 17 (1968)
[3] *Zilitinkevič, S. S., D. V. Čalikov*, Opredelenie universal'nych profilej skorosti vetra i temperatury v prizemnom sloe atmosfery. Fizika Atmosfery i Okeana IV (1968) 294–302.
[4] *Klug, W.*, Determination of turbulent fluxes of heat and momentum from the wind profile. Quart. J. R. M. Soc. *93* (1967) 101–104.
[5] *Robinson, S. M.*, A method for machine computation of wind profile parameters in: Studies of the three-dimensional structure of the planetary boundary layer. Fort Huachuca, Ariz. 1961, 63–70.
[6] *Businger, J. A., M. Miyake, A. J. Dyer, E. F. Bradley*, On the direct determination of the turbulent heat flux near the ground. J. of Appl. Met. *6* (1967) 1025–1032.
[7] *Lumley, J. L., H. A. Panofsky*, The structure of atmospheric turbulence. New York 1964.

Anschrift: Dipl.-Met. Werner Gerstmann, Meteorologischer Dienst der DDR, Hauptobservatorium Potsdam, 15 Potsdam Telegrafenberg

551.501.45

Filterung und Erhaltungsneigung

Von **M. Olberg**

Mit 3 Abbildungen

Zusammenfassung: Die Erhaltungsneigung in meteorologischen Zeitreihen wird durch die Summe der Autokorrelationskoeffizienten erfaßt, die Abhängigkeit der Werte innerhalb der Reihe dagegen besser durch die Summe der Absolutbeträge der Autokorrelationskoeffizienten. Diese Unterscheidung ist zur Berechnung der effektiven Anzahl unabhängiger Werte in einer Reihe mit teilweise negativen Autokorrelationskoeffizienten notwendig. Das wird anhand einer Bandfilterung des weißen Rauschens demonstriert.

Summary: The persistence tendency in meteorological time series is given by the sum of the autocorrelation coefficients, the interdependence of the values within this series, however, is more appropriately reflected by the sum of the absolute values of the autocorrelation coefficients. If any of the autocorrelation coefficients are negative this distinction is neccessary for the calculation of the effective number of independent values in a time series – which can be demonstrated by band-pass filtering of white noise.

1. Einleitung

Zur quantitativen Erfassung der Erhaltungstendenz in Zeitreihen ging *Bartels* [2] vom Fehlerfortpflanzungsgesetz aus, welches in seiner einfachsten Form besagt, daß die Dispersion der Durchschnitte $\bar{x}$ von N aufeinanderfolgenden, unabhängigen Stichprobenwerten x mit wachsendem N proportional $1/N$ abnimmt, d. h. es gilt $\sigma_{\bar{x}}^2 = \sigma_x^2/N$. Sind die N aufeinanderfolgenden Stichprobenwerte dagegen voneinander abhängig, dann erfolgt die Abnahme der Dispersion mit der Zunahme des Stichprobenumfangs langsamer als σ_x^2/N. Es gilt in diesem Falle

$$\sigma_{\bar{x}}^2 = \frac{\sigma_x^2}{N} \sum_{i=-N+1}^{N-1} \left(1 - \frac{|i|}{N}\right) K(i\,\Delta\, t), \tag{1}$$

wobei $K(i\,\Delta\, t)$ die Autokorrelationsfunktion des der Zeitreihe zugrunde liegenden Zufallsprozesses an den äquidistanten Stellen $i\,\Delta\, t$ ist, an denen die Stichprobenwerte entnommen sind (s. *Bartels* [2], *Taubenheim* [14]).

Den Quotienten

$$\frac{\sigma_{\bar{x}}^2}{\sigma_x^2/N} = \sum_{i=-N+1}^{N-1} \left(1 - \frac{|i|}{N}\right) K(i\,\Delta\, t) = \varepsilon(N) \tag{2}$$

bezeichnet *Bartels* als „äquivalente Anzahl aufeinanderfolgender Stichprobenwerte". Diese äquivalente Erhaltungszahl bedeutet anschaulich, im statistischen Mittel gesehen, die Anzahl der aufeinanderfolgenden Werte einer Zeitreihe, die praktisch den gleichen Wert haben.

Man unterscheidet zwischen positiver und negativer Erhaltungsneigung. Positive Erhaltungsneigung $\varepsilon(N) > 1$ bedeutet, daß auf hohe Werte der Wertefolge bevorzugt wieder hohe Werte folgen; negative Erhaltungsneigung $0 \leqq \varepsilon(N) < 1$ besagt, daß auf hohe Werte bevorzugt niedrige Werte folgen (*Bartels* [3]). Mit der äquivalenten Erhaltungszahl $\varepsilon(N)$ hängt sehr eng der Begriff der „effektiven Anzahl voneinander unabhängiger Stichprobenwerte" zusammen. Diese Anzahl wird bei der Anwendung der statistischen Tests, die für unabhängige Stichprobenwerte gelten, auf Stichproben aus stationären Zufallsprozessen zur Berechnung des Freiheitsgrades benötigt, indem anstelle des tatsächlichen Stichprobenumfangs die effektive Anzahl unabhängiger Werte benutzt wird (s. *Taubenheim* [14], S. 297).

Solange $\varepsilon(N) > 1$ ist, erscheint dieses Vorgehen vernünftig, denn die effektive Anzahl unabhängiger Werte wird $N_{\text{eff}} = N/\varepsilon(N) < N$. Ist dagegen $\varepsilon(N) < 1$, dann wird die effektive Anzahl der voneinander unabhängigen Werte größer als die Anzahl der Ausgangswerte, d. h. $N_{\text{eff}} = N/\varepsilon(N) > N$, was natürlich zu verwerfen ist, da die Signifikanzschwellen in diesem Falle niedriger als die für den aus N berechneten Freiheitsgrad liegen.

Im folgenden soll versucht werden, die Autokorrelation in einer Zeitreihe zur Berechnung der effektiven Anzahl voneinander unabhängiger Werte zu verwenden, wobei die genannten Schwierigkeiten des Falles $0 \leqq \varepsilon(N) < 1$ nicht auftreten.

2. Negative Erhaltungsneigung und effektive Anzahl unabhängiger Werte einer Zeitreihe

Aus der Gleichung (1) ersieht man, daß negative Erhaltungsneigung z. B. auftritt, wenn $K(\Delta t) < 0$ ist, während alle höheren Autokorrelationskoeffizienten $K(2\Delta t)$, $K(3\Delta t), \ldots$ ihrem Betrage nach kleiner als $|K(\Delta t)|$ sind.

Im allgemeinen zeigen meteorologische Zeitreihen positive Erhaltungsneigung. Werden die Wertereihen jedoch einer Vorbearbeitung (Glättung, Filterung oder dgl.) unterworfen, dann kann die Erhaltungsneigung in der neuen Wertereihe erheblich verändert werden. Bei der übergreifenden Mittelbildung, die eine Tiefpaßfilterung darstellt, wird die Erhaltungsneigung vergrößert (s. dazu z. B. *Bartels* [3], *Munk* [10], *Olberg* [11]). Arbeitet man dagegen mit einem Bandpaßfilter, dessen Frequenzdurchlaßfunktion die Nullfrequenz nicht einschließt, dann zeigt die bandgefilterte Wertereihe negative Erhaltungsneigung. Wir wollen das für kontinuierliche Zeitfunktionen erläutern.

Bei einem zeitlich begrenzten stationären Zufallsprozeß $X(t)$ für $-T \leqq t \leqq +T$ definiert man in Analogie zur äquivalenten Erhaltungszahl (2) die äquivalente Erhaltungszeit $\tau(T)$ durch die Gleichung

$$\tau(T) = \int_{-T}^{T} \left(1 - \frac{|\tau|}{T}\right) K_X(\tau)\, d\tau, \tag{3}$$

wobei $K_X(\tau)$ die Autokorrelationsfunktion des zeitlich unbegrenzten stationären Zufallsprozesses ist (s. *Taubenheim* [14], *Olberg* [11]). Die äquivalente Erhaltungszeit stellt gerade die mit T multiplizierte Dispersion des Stichprobenmittels der Realisierungen des Zufallsprozesses dar (*Lee* [9], *Pugačev* [12], *Sweschnikow* [13]).

Wird die Realisierung $x(t)$ des Zufallsprozesses einer Filterung der Form

$$\hat{x}(t) = \int_{-\infty}^{+\infty} w(t')\, x(t - t')\, dt' \tag{4}$$

unterworfen, $w(t)$ ist dabei die Gewichtsfunktion (siehe z. B. *Holloway* [7]), dann berechnet man die Erhaltungszeit der gefilterten Zeitfunktion, indem man in Gl. (3) die Autokorrelationsfunktion $K_{\hat{X}}(\tau)$ des gefilterten Zufallsprozesses $\hat{X}(t)$ einsetzt. $K_{\hat{X}}(\tau)$ ergibt sich nach dem *Wiener-Chintschin*-Theorem in spektraler Darstellung zu

$$K_{\hat{X}}(\tau) = \frac{1}{2\pi C_{\hat{X}}(0)} \int_{-\infty}^{+\infty} |R(\omega)|^2 \Phi(\omega)\, e^{i\omega\tau}\, d\omega, \tag{5}$$

wobei die Durchlaßfunktion $R(\omega)$ der Filteroperation (4) die *Fourier*-Transformierte der Gewichtsfunktion $w(t)$ ist; $\Phi(\omega)$ ist das Leistungsspektrum des nichtgefilterten Zufallsprozesses und $C_{\hat{X}}(0)$ die Autokovarianzfunktion des gefilterten Zufallsprozesses bei der Verschiebung $\tau = 0$. Setzen wir $K_{\hat{X}}(\tau)$ in (3) ein, dann erhalten wir die äquivalente Erhaltungszeit $\hat{\tau}(T)$ der gefilterten Realisierung des zeitlich begrenzten Zufallsprozesses nach einigen Zwischenrechnungen zu

$$\hat{\tau}(T) = \frac{1}{2\pi C_{\hat{X}}(0)} \int_{-\infty}^{+\infty} T \left(\frac{\sin \omega T/2}{\omega T/2}\right)^2 |R(\omega)|^2 \Phi(\omega)\, d\omega\,. \tag{6}$$

Im Limes $T \to \infty$ folgt daraus

$$\hat{\tau}_\infty = \lim_{T\to\infty} \hat{\tau}(T) = \lim_{T\to\infty} \frac{1}{2\pi C_{\hat{X}}(0)} \int_{-\infty}^{+\infty} \left(\frac{\sin u}{u}\right)^2 \left|R\left(\frac{2u}{T}\right)\right|^2 \Phi\left(\frac{2u}{T}\right) du$$

d. h.

$$\hat{\tau}_\infty = \frac{|R(0)|^2 \Phi(0)}{C_{\hat{X}}(0)} \tag{7}$$

für die äquivalente Erhaltungszeit des zeitlich unbegrenzten Zufallsprozesses. Ist also

$$R(0) = \int_{-\infty}^{+\infty} w(t)\, dt = 0, \tag{8}$$

dann wird diese Erhaltungszeit $\hat{\tau}_\infty = 0$. $R(0)$ stellt das Verhältnis des Mittelwertes der gefilterten Funktion zum Mittelwert der ursprünglichen Zeitfunktion dar. $R(0) = 0$ bedeutet daher, daß diese Filteroperation den mittleren Verlauf der Zeitfunktion unterdrückt.

Eine analoge Aussage bezüglich der äquivalenten Erhaltungszeit folgt aus (6) für den Fall, daß T endlich ist und die Frequenzbereiche der beiden Funktionen $\left(\frac{\sin \omega T/2}{\omega T/2}\right)^2$ und $|R(\omega)|^2$ sich nicht überschneiden.

Im diskreten Falle, also bei Zeitreihen, liegen die Verhältnisse ganz ähnlich. Da die Aussagen statistischer Tests, die an bandgefilterten Wertereihen durchgeführt werden sollen (z. B. Beurteilung von Filterergebnissen), entscheidend von der effektiven Anzahl unabhängiger Stichprobenwerte abhängen, wollen wir die Definition dieser Zahl am Beispiel der Filterung einer Folge unabhängiger Zufallswerte X_i mit dem Erwartungswert $EX_i = 0$ und der Dispersion $EX_i^2 = \sigma^2$ genauer betrachten.

Der Erwartungswert der gefilterten Folge dieser Zufallsgrößen wird

$$E\hat{X}_i = E\sum_{j=-\infty}^{\infty} w_i X_{i+j} = \sum_{j=-\infty}^{\infty} w_j E X_{i+j} = 0. \tag{9}$$

Die Dispersion ergibt sich zu

$$E\hat{X}_i^2 = \hat{\sigma}^2 = E\left(\sum_{j=-\infty}^{\infty} w_j X_{i+j}\right)^2 = \sum_{j=-\infty}^{\infty}\sum_{k=-\infty}^{\infty} w_j w_k E X_{i+j} X_{i+k} = \sigma^2 \sum_{j=-\infty}^{\infty} w_j^2,$$

da nach Voraussetzung $E X_{i+j} X_{i+k} = \begin{cases}\sigma^2 \text{ für } j = k\\ 0 \text{ für } j \neq k\end{cases}$ ist.

Die Summationsgrenzen sind zunächst Unendlich gewählt, wir wollen jedoch annehmen, daß gilt $w_j = 0$ für $|j| > n$ und $w_{-j} = w_j$ (phasentreue Filter), d. h. es wird

$$E\hat{X}_i^2 = \hat{\sigma}^2 = \sigma^2 \sum_{j=-n}^{n} w_j^2. \tag{10}$$

Für die Kovarianz der gefilterten Größen $\hat{X}_i$ und $\hat{X}_j$ erhalten wir

$$\hat{C}_{ij} = E\hat{X}_i\hat{X}_j = \sum_{k=-n}^{n}\sum_{l=-n}^{n} w_k w_l E X_{i+k} X_{j+l} = \sum_{k=i-n}^{i+n}\sum_{l=j-n}^{j+n} w_{k-i} w_{l-j} E X_k X_l.$$

Führen wir für die Kovarianz von X_k und X_l das *Kronecker*-Symbol $\delta_{|k|,0} = \begin{cases}1 \text{ für } k = 0\\ 0 \text{ für } k \neq 0\end{cases}$ ein, d. h $E X_k X_l = \sigma^2 \delta_{|l-k|,0}$, dann folgt mit $l - k = \varrho$

$$\hat{C}_{ij} = \sigma^2 \sum_{k=i-n}^{i+n}\sum_{\varrho=j-k-n}^{j-k+n} w_{k-i} w_{\varrho+k-j}\delta_{|\varrho|,0} = \sigma^2 \sum_{\varrho=j-i-2n}^{j-i}\delta_{|\varrho|,0}\sum_{k=j-\varrho-n}^{i+n} w_{k-i} w_{\varrho+k-j} + \sigma^2 \sum_{\varrho=j-i+1}^{j-i+2n}\delta_{|\varrho|,0}\sum_{k=i-n}^{j-\varrho+n} w_{k-i} w_{\varrho+k-j}.$$

Zur Umsummierung der Doppelsumme siehe die Abbildung 1. Mit $k - i = l$ erhalten wir

$$\hat{C}_{ij} = \sigma^2 \sum_{\varrho=j-i-2n}^{j-i}\delta_{|\varrho|,0}\sum_{l=j-i-\varrho-n}^{n} w_l w_{\varrho+i-j+l} + \sigma^2 \sum_{\varrho=j-i+1}^{j-i+2n}\delta_{|\varrho|,0}\sum_{l=-n}^{j-i-\varrho+n} w_l w_{\varrho+i-j+l}.$$

Wir sehen zunächst, daß die Kovarianzfunktion $\hat{C}_{ij}$ nur von der Differenz der Indizes i und j abhängt, d. h. $\hat{C}_{ij} = \hat{C}_{j-i}$. Setzen wir $j - i = k$ und danach $k - \varrho = j$ im ersten Summenterm und $\varrho - k = j$ im zweiten Summenterm der rechten Seite der vorangehenden Gleichung, dann ergibt sich

$$\frac{\hat{C}_k}{\sigma^2} = \sum_{j=0}^{2n}\delta_{|k-j|,0}\sum_{l=j-n}^{n} w_l w_{l-j} + \sum_{j=1}^{2n}\delta_{|k+j|,0}\sum_{l=-n}^{-j+n} w_l w_{l+j}$$
$$= \delta_{|k|,0}\sum_{l=-n}^{n} w_l^2 + \sum_{j=1}^{2n}\left(\delta_{|k-j|,0} + \delta_{|k+j|,0}\right)\sum_{l=j-n}^{n} w_l w_{l-j},$$

da nach Voraussetzung $w_{-l+j} = w_{l-j}$ ist. Aus dieser Gleichung ist zu ersehen, daß die Kovarianzfunktion eine gerade Funktion ist, d. h. $\hat{C}_k = \hat{C}_{-k}$. Nach Auswertung des *Kronecker*-Symbols erhalten wir als Ergebnis für die Kovarianz zwischen $\hat{X}_i$ und $\hat{X}_j$ mit dem Absolutbetrag der Differenz der Indizes $|k| = |i - j|$

$$\hat{C}_k = \begin{cases}\sigma^2 \sum_{l=|k|-n}^{n} w_l w_{l-|k|} & \text{für } |k| \leqq 2n\\ 0 & \text{für } |k| > 2n.\end{cases} \tag{11}$$

Eine Folge unabhängiger Zufallswerte zeigt also nach der Filterung eine Autokorrelation (Abhängigkeit der vorher unabhängigen Werte) über das Filtergrundintervall $2n$, d. h. die effektive Anzahl der voneinander unabhängigen Werte in der gefilterten Folge muß kleiner sein als die Zahl der Ausgangswerte. Wie die Autokorrelationsfunktion einer Folge unabhängiger Zufallswerte durch Bandfilterung modifiziert wird, zeigt die Abb. 2. Es wurde dabei die von *Brier* [6], *Landsberg* u. a. [8] angegebene Filtertechnik für periodische Vorgänge von ca. 24 Monaten Dauer verwendet. Diese Filtermethode wurde auch von *Barg* [1], *Böhme* [4], [5] zur Untersuchung der etwa zweijährigen Schwankung der allgemeinen Zirkulation der Erdatmosphäre benutzt. Man findet daher die benötigten Filtergewichte auch in diesen Arbeiten.

Setzen wir den Ausdruck (11) für $\hat{C}_k$ in die aus (2) folgende Gleichung

$$\hat{\varepsilon}(N) = 1 + 2\sum_{k=1}^{N-1}\left(1 - \frac{k}{N}\right)\hat{C}_k / \hat{C}_0 \tag{12}$$

ein, dann erhalten wir mit $\hat{\varepsilon}(N)$ ein Maß für die Erhaltungsneigung in der bandgefilterten Wertefolge. Der Verlauf der Größe $\hat{\varepsilon}(N)$ in Abhängigkeit vom Stichprobenumfang N für die Autokorrelationsfunktion der Abb. 2 ist in Abb. 3 wiedergegeben. Nach Erreichen eines Maximums klingt die Funktion auf Null ab. Auf Grund der Voraussetzung, daß $w_{-j} = w_j$ und $\sum_{j=-n}^{n} w_j = 0$ bzw. $w_0 + 2\sum_{j=1}^{n} w_j = 0$ für Bandfilter, die den

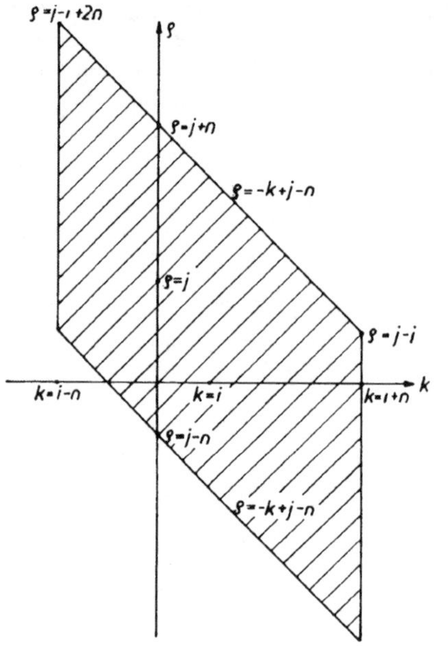

Abb. 1. Variationsbereich der Indizes k,ϱ

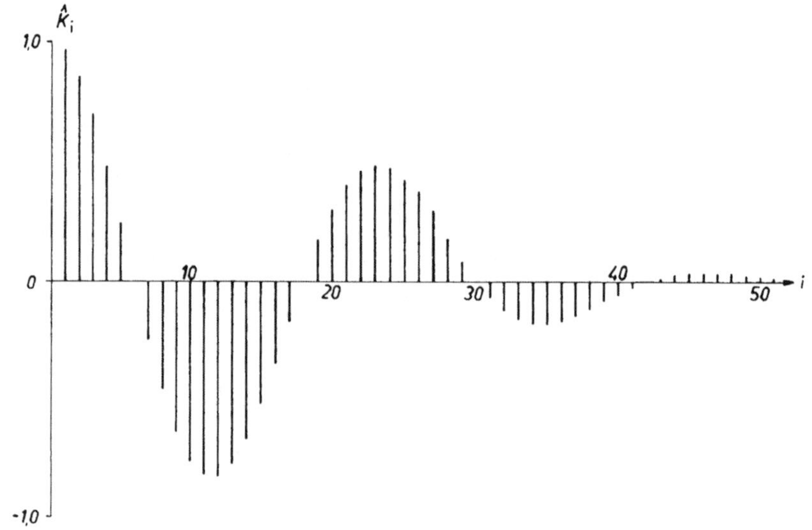

Abb. 2. Autokorrelationskoeffizienten einer bandgefilterten Zufallszahlenreihe. (Benutzt wurde der Filter von *Landsberg* u. a. [8])

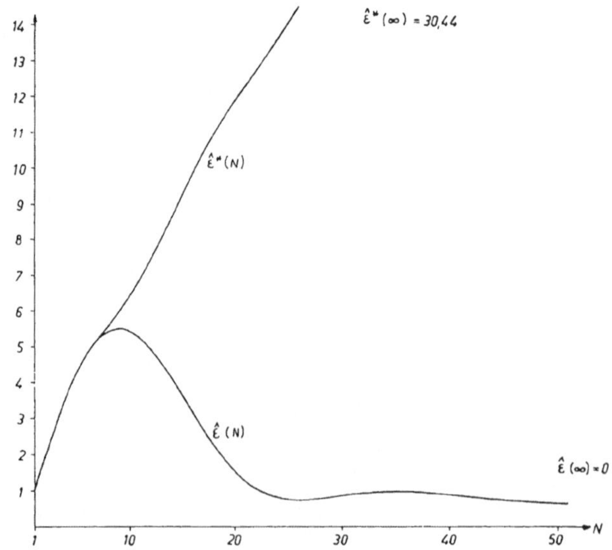

Abb. 3. Graphische Darstellung der Größen $\hat{\varepsilon}$ (N) und $\hat{\varepsilon}^*$ (N)

Mittelwert der Zeitreihe vollständig unterdrücken, gilt stets $\hat{\varepsilon}(\infty) = 0$. Wegen $\hat{C}_k = 0$ für $k > 2\,n$ folgt

$$\hat{\varepsilon}(\infty) = 1 + 2 \sum_{k=1}^{2n} \hat{C}_k / \hat{C}_0$$

oder mit (11) bei Beachtung, daß k stets positiv ist

$$\hat{\varepsilon}(\infty) \frac{\hat{C}_0}{\sigma^2} = \sum_{l=-n}^{n} w_l^2 + 2 \sum_{k=1}^{2n} \sum_{l=k-n}^{n} w_l\, w_{l-k}.$$

Vertauschung der Summationsreihenfolge im zweiten Term der rechten Gleichungsseite liefert mit den genannten Voraussetzungen

$$\begin{aligned}
\hat{\varepsilon}(\infty) \frac{\hat{C}_0}{\sigma^2} &= \sum_{l=-n}^{n} w_l^2 + 2 \sum_{l=1-n}^{n} w_l \sum_{k=1}^{l+n} w_{l-k} = \sum_{l=-n}^{n} w_l^2 + 2 \sum_{l=1-n}^{n} w_l \sum_{j=l-1}^{-n} w_j \\
&= \sum_{l=-n}^{n} w_l^2 + 2 \sum_{l=1}^{n} w_l \sum_{j=-n}^{l-1} w_j + 2\, w_0 \sum_{j=1}^{n} w_j + 2 \sum_{l=1}^{n-1} w_l \sum_{j=-n}^{-l-1} w_j \\
&= \sum_{l=-n}^{n} w_l^2 + 2 \sum_{l=1}^{n-1} w_l \left(\sum_{i=-n}^{l-1} w_j + \sum_{j=l+1}^{n} w_j \right) + 2\, w_0 \sum_{j=1}^{n} w_j + 2\, w_n \sum_{j=-n}^{n-1} w_j \\
&= \sum_{l=-n}^{n} w_l^2 + 2 \sum_{l=1}^{n-1} w_l \left(\sum_{j=-n}^{n} w_j - w_l \right) - w_0^2 - 2\, w_n^2 = \sum_{l=-n}^{n} w_l^2 - \sum_{l=-n}^{n} w_l^2,
\end{aligned}$$

d. h. $\hat{\varepsilon}(\infty) = 0$.

Berechnet man die effektive Anzahl unabhängiger Werte in der gefilterten Wertereihe mit Hilfe der äquivalenten Erhaltungszahl $\hat{\varepsilon}(N)$ zu $N_{\text{eff}} = N/\hat{\varepsilon}(N)$, dann wird von einem gewissen N an für eine bandgefilterte Reihe $\hat{\varepsilon}(N) < 1$, d. h. $N_{\text{eff}} > N$. Negative Erhaltungsneigung ($\hat{\varepsilon} < 1$) bedeutet, daß auf hohe Werte der Folge bevorzugt niedrige Werte folgen und umgekehrt, d. h. ein folgender Wert ist nicht völlig zufällig, sondern zeigt eine gewisse Abhängigkeit vom vorangehenden Wert. Damit folgt aber, daß die effektive Anzahl unabhängiger Werte trotz $\hat{\varepsilon} < 1$ kleiner als N sein muß.

In einer Wertereihe muß zwischen der Abhängigkeit der Werte und der Erhaltungsneigung unterschieden werden. Der Wert der Erhaltungszahl hängt entscheidend davon ab, ob die Autokorrelation stets positiv ist oder zwischen positiven und negativen Werten wechselt. Bei der Erfassung der Zahl der abhängigen Werte kommt es dagegen nur auf den Absolutbetrag der Autokorrelation an. Während die Erhaltungsneigung durch das Integral über die Autokorrelationsfunktion wiedergegeben wird, eignet sich zur Erfassung der Abhängigkeit der Werte besser das Integral über den Absolutbetrag der Autokorrelationsfunktion.

In Analogie zur äquivalenten Erhaltungszahl (2) definieren wir daher die Größe

$$\varepsilon^*(N) = \sum_{i=-N+1}^{N-1} \left(1 - \frac{|i|}{N}\right) |\, K(i\,\Delta\, t)\,| \tag{13}$$

und berechnen die effektive Anzahl unabhängiger Werte zu

$$N_{\text{eff}} = N/\varepsilon^*(N). \tag{14}$$

Ist die Autokorrelationsfunktion stets positiv, dann gilt $\varepsilon(N) = \varepsilon^*(N)$. Weist die Autokorrelationsfunktion dagegen positive und negative Bereiche auf, dann ist $\varepsilon(N) < \varepsilon^*(N)$. Zu diesen Überlegungen sei ein sehr einfaches Beispiel angeführt. Wir konstruieren aus der N Werte umfassenden Zufallsfolge $x_1, x_2, x_3, \ldots, x_n$ mit den Autokorrelationskoeffizienten $K_0 = 1$, $K_1 = 0$, $K_2 = 0, \ldots$ und der äquivalenten Erhaltungszahl $\varepsilon(N) = 1$ die $2\,N$ Werte umfassenden Folgen $x_1, x_1, x_2, x_2, x_3, x_3, \ldots, x_n, x_n$ mit den Autokorrelationskoeffizienten $K_0 = 1$, $K_1 = {}^1/_2$, $K_2 = 0, \ldots$ und $x_1, -x_1, x_2, -x_2, x_3, -x_3, \ldots, x_n, -x_n$ mit den Autokorrelationskoeffizienten $K_0 = 1$, $K_1 = -{}^1/_2$, $K_2 = 0 \ldots$. Dabei ist in der ersten konstruierten Folge künstlich eine Erhaltungszahl 2 geschaffen, es gilt $\varepsilon(2\,N) = 2 - 1/2\,N \approx 2$ für großes N, während in der zweiten die Erhaltungsneigung unterdrückt wird. Es wird in diesem Falle $\varepsilon(2\,N) = 1/2\,N \approx 0$ für großes N. Die effektive Anzahl unabhängiger Werte wäre im ersten Falle nach der alten Definition $N_{\text{eff}} = 2\,N/\varepsilon(2\,N) \approx N$ im zweiten Falle $N_{\text{eff}} \approx 4\,N^2$, was natürlich unrichtig ist. Benutzt man die Definition $N_{\text{eff}} = 2\,N/\varepsilon^*(2\,N)$, dann erhält man $\varepsilon^*(2\,N) = 2 - 1/2\,N$ in beiden Fällen und damit jeweils $N_{\text{eff}} = 4\,N^2/(4\,N - 1) \approx N$, d. h. gerade die Anzahl der unabhängigen Werte der Ausgangsfolge. Für bandgefilterte Wertereihen ist $\hat{\varepsilon}^*(N) > 1$ für alle N und daher nach (14) $N_{\text{eff}} < N$, wie gefordert werden muß. In Abb. 3 ist der Verlauf von $\hat{\varepsilon}^*(N)$ für die Autokorrelationsfunktion der Abb. 2 eingezeichnet. $\hat{\varepsilon}^*(N)$ unterscheidet sich von $\hat{\varepsilon}(N)$ durch den monotonen Anstieg mit wachsendem N bis zum endlichen Grenzwert $\hat{\varepsilon}^*(\infty)$.

3. Ergebnisse der Filterung einer Zufallsfolge mit dem Bandfilter von Brier [6], Landsberg u. a. [8]

Die Autokorrelationsfunktion der gefilterten Wertereihe ist in Abb. 2 dargestellt. Man kann deutlich das Hervortreten eines Frequenzbandes in der gefilterten Wertereihe erkennen. Die Zahl der Filtergewichte beträgt $n = 27$ und daher ist die Autokorrelationsfunktion nach $2\,n + 1 = 55$ Verschiebungen auf den Wert Null abgeklungen. Für die äquivalente Erhaltungszahl in einer Stichprobe aus der gefilterten Wertefolge von $N \geqq 55$ Werten ergibt sich

$$\hat{\varepsilon}(N) = \frac{33,5}{N} \quad \text{für } N \geqq 55,$$

d. h. speziell $\hat{\varepsilon}(55) = 0,6$ und $\hat{\varepsilon}(\infty) = 0$. Die Größe $\hat{\varepsilon}^*$ folgt dagegen zu

$$\hat{\varepsilon}^*(N) = 30,4 - \frac{450,9}{N} \quad \text{für } N \geqq 55$$

und speziell $\hat{\varepsilon}^*(55) = 22,2$ sowie $\hat{\varepsilon}^*(\infty) = 30,4$. Daraus berechnet man die effektive Anzahl der unabhängigen Werte in einer 55 Werte umfassenden Stichprobe zu $N_{\text{eff}} = 55/22,2 = 2,5$.

Literatur

[1] *Barg, B.*, Eine annähernd zweijährige Schwingung im Verhalten des Bodendrucks in Nordwesteuropa. Z. f. Meteor. *18* (1966), 361–368.
[2] *Bartels, J.*, Zur Morphologie geophysikalischer Zeitfunktionen. S.-B. Preuß. Akad. Wiss. Phys.-math. Kl. *29/30* (1935), 504–522.
[3] *Bartels, J.*, Gesetz und Zufall in der Geophysik. Naturwiss. *31* (1943), 421–435.
[4] *Böhme, W.*, Eine 26monatige Schwankung der Häufigkeit meridionaler Zirkulationsformen über Europa. Z. f. Meteor. *19* (1967), 113–115.
[5] *Böhme, W.*, Über den etwa 2jährigen Zyklus der allgemeinen Zirkulation und seine Ursachen. Habil.-Schr. Rostock (1969).
[6] *Brier, G. W.*, Some statistical aspects of long-term fluctuations in solar and atmospheric phenomena. Ann. New York Acad. Sci. *95* (1) (1961), 173–187.
[7] *Holloway, J. L.*, Smoothing and Filtering of Time Series and Space Fields. Advances in Geophysics Vol. *4*, New York 1958.
[8] *Landsberg, H. E.*, *J. M. Mitchell* jr., *H. L. Crutcher*, *F. T. Quinlan*, Surface Signs of the Biennial Atmospheric Pulse. Monthly Weather Rev. *91* (1963), 10–12, 549–556.
[9] *Lee, Y. W.*, Statistical Theory of Communication. New York-London-Sydney 1960.
[10] *Munk, W. H.*, Smoothing and Persistence. J. Met. *17* (1960), 92–94.
[11] *Olberg, M.*, Veränderung der Erhaltungsneigung in meteorologischen Zeitreihen durch übergreifende Mittelbildung. Z. f. Meteor. *22* (1971), 194–200
[12] *Pugačev, V. S.*, Teorija slučajuych funkcij i ee primenenie k zadačam avtomatičeskogo upravlenija. Moskau 1962.
[13] *Sweschnikow, A. A.*, Untersuchungsmethoden der Theorie der Zufallsfunktion mit praktischen Anwendungen. Berlin 1965.
[14] *Taubenheim, J.*, Statistische Auswertung geophysikalischer und meteorologischer Daten. Leipzig 1969.

Anschrift: Dr. Manfred Olberg, Sektion Physik der Humboldt-Universität, Bereich Meteorologie und Geophysik, 1162 Berlin-Friedrichshagen, Müggelseedamm 256

551.508.54:53.088.22

Ein Beitrag zum Frequenzverhalten des Schalenkreuzanemometers

Von **W. Gerstmann**

Mit 4 Abbildungen

Zusammenfassung: Eine vereinfachte Theorie des Schalenkreuzanemometers wird vorgelegt. Diese Theorie kann die bekannte Überschätzung der Meßgröße als Funktion der Periodenlänge erklären und zeigt gleichzeitig, daß das Schalenkreuzanemometer ein nichtlineares System darstellt.

Summary: This study deals with a simplified theory of the cup anemometer showing that the well-known overestimation of the measured value can be interpreted to be a function of the length of period, and, further, that the cup anemometer is a non-linear system.

Bei der Messung fluktuierender meteorologischer Größen, sei es Temperatur, Wind usw., hat man bei sorgfältiger physikalischer Betrachtungsweise bekanntlich die Trägheit von Geber und Schreiber sowie die Auswertemethodik zu beachten. Die kaum zu umgehenden Eigenschaften der Kette Geber-Schreiber-Auswertemethodik rufen in den einzelnen Harmonischen des Eingangssignals je nach Frequenz verschiedene Amplituden- und Phasenänderungen hervor, die für bestimmte Anwendungen, z. B. in der Mikrometeorologie, von Bedeutung sein können. Man spricht auch oft von einem Ansprechen erster oder zweiter Ordnung, je nachdem ob der Einstellvorgang bei Geber bzw. Schreiber in erster Näherung durch eine gewöhnliche Differentialgleichung erster oder zweiter Ordnung beschrieben werden kann. Beim Schalenkreuzanemometer liegen die Verhältnisse etwas komplizierter. Dieses Instrument zeigt bei zunehmendem Wind eine geringere Trägheit als bei abnehmendem, was zu einer Überschätzung des Windes in der turbulenten Atmosphäre durch dieses Instrument führt. Die Differentialgleichung, die dieses Verhalten erklären kann, ist eine Riccati'sche und nicht geschlossen integrierbar. Deshalb sind auch von *Jaglom* [4] für bestimmte Anwendungen Näherungen erarbeitet worden.

In der vorliegenden Arbeit geht der Verfasser einen anderen Weg. Die Differentialgleichung des Schalenkreuzanemometers wird nicht durch Überlegungen über die am Schalenkreuz angreifenden Kräfte hergeleitet. Es wird nur angenommen, daß die Einstellgeschwindigkeit proportional dem Unterschied zum aktuellen Wert ist. Die Trägheitskonstante wird als Stufenfunktion angesetzt, derart, daß sie bei zunehmender und abnehmender Eingangsgröße konstant ist. Wie man aus Einstellkurven von Anemometern [3] ableiten kann, ist jeweils das Produkt von Trägheitskonstanter und mittlerem Wind in einer Bewegungsrichtung konstant. Z. B. ergeben sich aus den Abbildungen auf S. 43 und 45 der Arbeit von *Sanuki* Werte von $\sim$ 65 m bei abnehmendem und $\sim$ 20 m bei zunehmendem Wind.

Bei der Behandlung des Problems zeigte sich, daß ein solches System nicht mehr linear ist, d. h. das Spektrum der Ausgangsfunktion zeigt Frequenzen, die in der Eingangsfunktion gar nicht vorhanden sind. Bei Eingangsperiodenlängen von der Größenordnung der Trägheitskonstanten ist dieser Effekt nicht mehr zu vernachlässigen. Die Überschätzung der Eingangsgröße zeigt im Unterschied zu den von *Schrenk* [1], *Deacon* [2] und *Ramachandran* [5] angegebenen Werten ein Maximum für ein bestimmtes Verhältnis γ/T. Eine Normierung auf den Schrenk'schen Parameter K ist nicht ohne weiteres möglich. Die Krümmung der Eichkurve für kleine Windgeschwindigkeiten, die meist vorhanden ist, kann auch die komplizierte Theorie von *Ramachandran* nicht erklären. Deshalb halten wir unsere Arbeit auch als Baustein für eine noch ausstehende exakte Anemometertheorie. Man könnte auch daran denken, auf statistische Weise, durch Vergleich mit einem trägheitslosen Instrument, eine Differentialgleichung für das Schalenkreuzanemometer herzuleiten.

Es ist auch denkbar, daß unser Formalismus bei anderen Instrumenten Anwendung finden kann, die ein verschiedenes Einstellverhalten bei nach oben bzw. unten sich verändernder Eingangsgröße zeigen.

I. Mathematische Formulierung des Problems

Es wird angenommen, daß zwischen Eingangsgröße $x(t)$ und Ausgangsgröße $X(t)$ die Differentialgleichung gilt

$$\frac{dX(t)}{dt}\gamma(t) + X(t) = x(t), \tag{1}$$

$x(t)$ sei der wirkliche Wind in der Natur, $X(t)$ der vom Anemometer angezeigte. Da die Beziehung zwischen Umdrehungszahl und Wind im stationären Fall fast linear ist, ist es gleichgültig, ob man sich unter den Größen x und X den Wind in m/s oder die entsprechenden Umdrehungszahlen vorstellt.

Im folgenden soll das Verhalten des Anemometers auf eine Harmonische untersucht werden, $x(t)$ folge also der Funktion $x = \sin \omega t$, $\omega = 2\pi/T$. Die Amplitude sei eins; der „Gleichstromanteil" interessiert hier noch nicht. Die Funktion $\gamma(t)$ folge einer Stufenfunktion (Abbildung 1).

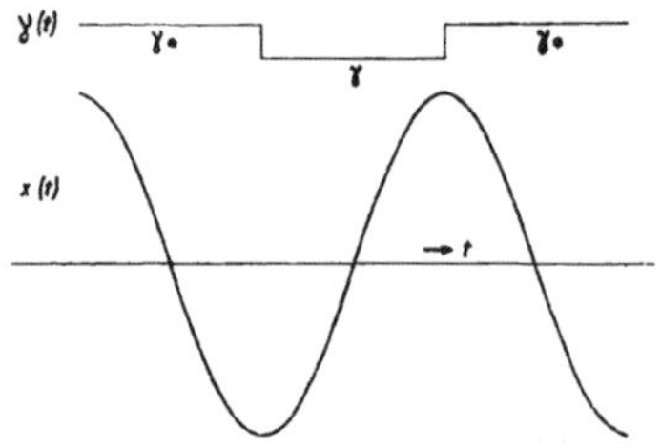

Abb. 1

Die Differentialgleichung (1) hat die allgemeine Lösung

$$X(t) = \int_{t_a}^{t} \frac{x(\eta)}{\gamma(\eta)} \exp\left[\int_{t}^{\eta} \frac{d\zeta}{\gamma(\zeta)}\right] d\eta + X(t_a) \exp\left[-\int_{t_a}^{t} \frac{d\zeta}{\gamma(\zeta)}\right] \tag{2}$$

für $t_a \to -\infty$ geht der zweite Term gegen 0 und wir bekommen

$$X(t) = \int_{-\infty}^{t} \frac{x(\eta)}{\gamma(\eta)} \exp\left[\int_{t}^{\eta} \frac{d\zeta}{\gamma(\zeta)}\right] d\eta. \tag{3}$$

II. Lösung

Die Lösung des Integrals (3) gelingt auf folgende Weise. Wir denken uns die den Maxima und Minima von $x(t)$ bzw. die den Unstetigkeitsstellen von $\gamma(t)$ entsprechenden Zeiten nach rückwärts durchnumeriert, und zwar derart, daß der Nullpunkt mit t_0 zusammenfällt. Wie unterscheiden zwei Fälle:

Fall I $t - t_0 < T/2$

Fall II $T/2 < t - t_0 < T$.

Ohne Beschränkung der Allgemeinheit kann man annehmen, daß $x(t_0) = 1$ ist. Im Fall II liegt also zwischen t_0 und t noch eine Unstetigkeitsstelle von $\gamma(t)$ bzw. ein Extremum von x, sie sei mit t_{-1} bezeichnet. Dann kann man für (3) auch schreiben

$$X(t) = \int_{t_0}^{t} \frac{x(\eta)}{\gamma(\eta)} \exp\left[\int_{t}^{\eta} \frac{d\zeta}{\gamma(\zeta)}\right] d\eta + \int_{t_1}^{t_0} \frac{x(\eta)}{\gamma(\eta)} \exp\left[\int_{t}^{\eta} \frac{d\zeta}{\gamma(\zeta)}\right] d\eta + \int_{t_2}^{t_1} \frac{x(\eta)}{\gamma(\eta)} \exp\left[\int_{t}^{\eta} \frac{d\zeta}{\gamma(\zeta)}\right] d\eta + \dots \tag{4}$$

und dafür

$$\begin{aligned} X(t) = {} & \int_{t_0}^{t} \frac{x(\eta)}{\gamma(\eta)} \exp\left[\int_{t}^{\eta} \frac{d\zeta}{\gamma(\zeta)}\right] d\eta + \exp\left[-\int_{t_0}^{t} \frac{d\zeta}{\gamma(\zeta)}\right] \int_{t_1}^{t_0} \frac{x(\eta)}{\gamma(\eta)} \exp\left[\int_{t_0}^{\eta} \frac{d\zeta}{\gamma(\zeta)}\right] d\eta \\ & + \exp\left[-\int_{t_1}^{t_0} \frac{d\zeta}{\gamma(\zeta)}\right] \exp\left[-\int_{t_0}^{t} \frac{d\zeta}{\gamma(\zeta)}\right] \int_{t_2}^{t_1} \frac{x(\eta)}{\gamma(\eta)} \exp\left[\int_{t_1}^{\eta} \frac{d\zeta}{\gamma(\zeta)}\right] d\eta \\ & + \exp\left[-\int_{t_2}^{t_1} \frac{d\zeta}{\gamma(\zeta)}\right] \exp\left[-\int_{t_1}^{t_0} \frac{d\zeta}{\gamma(\zeta)}\right] \exp\left[-\int_{t_0}^{t} \frac{d\zeta}{\gamma(\zeta)}\right] \int_{t_3}^{t_2} \frac{x(\eta)}{\gamma(\eta)} \exp\left[\int_{t_2}^{\eta} \frac{d\zeta}{\gamma(\zeta)}\right] d\eta + \dots \end{aligned} \tag{5}$$

Mit dieser Zerlegung von (3) wurde erreicht, daß γ unter jedem Integralzeichen konstant ist. Wir haben acht Typen von Ausdrücken zu unterscheiden [6]:

$$\int_{t_0}^{t} \frac{x(\eta)}{\gamma(\eta)} \exp\left[\int_{t}^{\eta} \frac{d\zeta}{\gamma(\zeta)}\right] d\eta = \frac{1}{\sqrt{1 + (\omega\gamma_*)^2}} \cos(\omega t - \alpha_*) - \frac{\exp\left[-\frac{\omega t}{\omega\gamma_*}\right]}{1 + (\omega\gamma_*)^2} \qquad \alpha_* = \operatorname{arc\,tg} \omega\gamma_* \tag{6a}$$

$$\int_{t_{-1}}^{t} \frac{x(\eta)}{\gamma(\eta)} \exp\left[\int_{t}^{\eta} \frac{d\zeta}{\gamma(\zeta)}\right] d\eta = \frac{1}{\sqrt{1 + (\omega\gamma)^2}} \cos(\omega t - \alpha) + \frac{\exp\left[-\frac{\omega t - \pi}{\omega\gamma}\right]}{1 + (\omega\gamma)^2} \qquad \alpha = \operatorname{arc\,tg} \omega\gamma$$

$$\int_{t_{2\nu+1}}^{t_{2\nu}} \frac{x(\eta)}{\gamma(\eta)} \exp\left[\int_{t_{2\nu}}^{\eta} \frac{d\zeta}{\gamma(\zeta)}\right] d\eta = \frac{1}{1 + (\omega\gamma)^2}\left(1 + e^{-\frac{\pi}{\omega\gamma}}\right) \quad \nu = 0 \cdots \infty \tag{6b}$$

$$\int_{t_{2\nu}}^{t_{2\nu-1}} \frac{x(\eta)}{\gamma(\eta)} \exp\left[\int_{t_{2\nu-1}}^{\eta} \frac{d\zeta}{\gamma(\zeta)}\right] d\eta = -\frac{1}{1 + (\omega\gamma_*)^2}\left(1 + e^{-\frac{\pi}{\omega\gamma_*}}\right) \quad \nu = 0 \cdots \infty \tag{6c}$$

$$\exp\left[-\int_{t_{2\nu+1}}^{t_{2\nu}} \frac{d\zeta}{\gamma(\zeta)}\right] = \exp\left[-\frac{\pi}{\omega\gamma}\right] \quad \nu = 0 \cdots \infty \tag{6d}$$

$$\exp\left[-\int_{t_{2\nu}}^{t_{2\nu-1}} \frac{d\zeta}{\gamma(\zeta)}\right] = \exp\left[-\frac{\pi}{\omega\gamma_*}\right] \quad \nu = 0 \cdots \infty \tag{6e}$$

(6f) $$\exp\left[-\int_{t_0}^{t}\frac{d\zeta}{\gamma(\zeta)}\right]=\exp\left[-\frac{\omega t}{\omega\gamma_*}\right]$$

(6g) $$\exp\left[-\int_{t_{-1}}^{t}\frac{d\zeta}{\gamma(\zeta)}\right]=\exp\left[-\frac{\omega t-\pi}{\omega\gamma}\right]$$

Unter Benutzung der Beziehung [6]

(7) $$\sum_{1}^{\infty} e^{kx}=\frac{1}{e^{-x}-1}$$

erhält man aus (5) die periodische Funktion

(8a) $$a(t)=\frac{1}{\sqrt{1+(\omega\gamma_*)^2}}\cos(\omega t-\alpha_*)+e^{-\frac{\omega t}{\omega\gamma_*}}\left\{\frac{1}{1+(\omega\gamma)^2}-\frac{1}{1+(\omega\gamma_*)^2}\right\}\frac{e^{\frac{\pi}{\omega\gamma}+\frac{\pi}{\omega\gamma_*}}+e^{\frac{\pi}{\omega\gamma_*}}}{e^{\frac{\pi}{\omega\gamma}+\frac{\pi}{\omega\gamma_*}}-1}$$

$$0\leqq\omega t\leqq\pi \qquad \alpha_*=\operatorname{arc\,tg}\omega\gamma_*$$

(8b) $$b(t)=\frac{1}{\sqrt{1+(\omega\gamma)^2}}\cos(\omega t-\alpha)+e^{-\frac{\omega t-\pi}{\omega\gamma}}\left\{\frac{1}{1+(\omega\gamma)^2}-\frac{1}{1+(\omega\gamma_*)^2}\right\}\frac{e^{\frac{\pi}{\omega\gamma}+\frac{\pi}{\omega\gamma_*}}+e^{\frac{\pi}{\omega\gamma}}}{e^{\frac{\pi}{\omega\gamma}+\frac{\pi}{\omega\gamma_*}}-1}$$

$$\pi\leqq\omega t\geqq 2\pi \qquad \alpha=\operatorname{arc\,tg}\omega\gamma$$

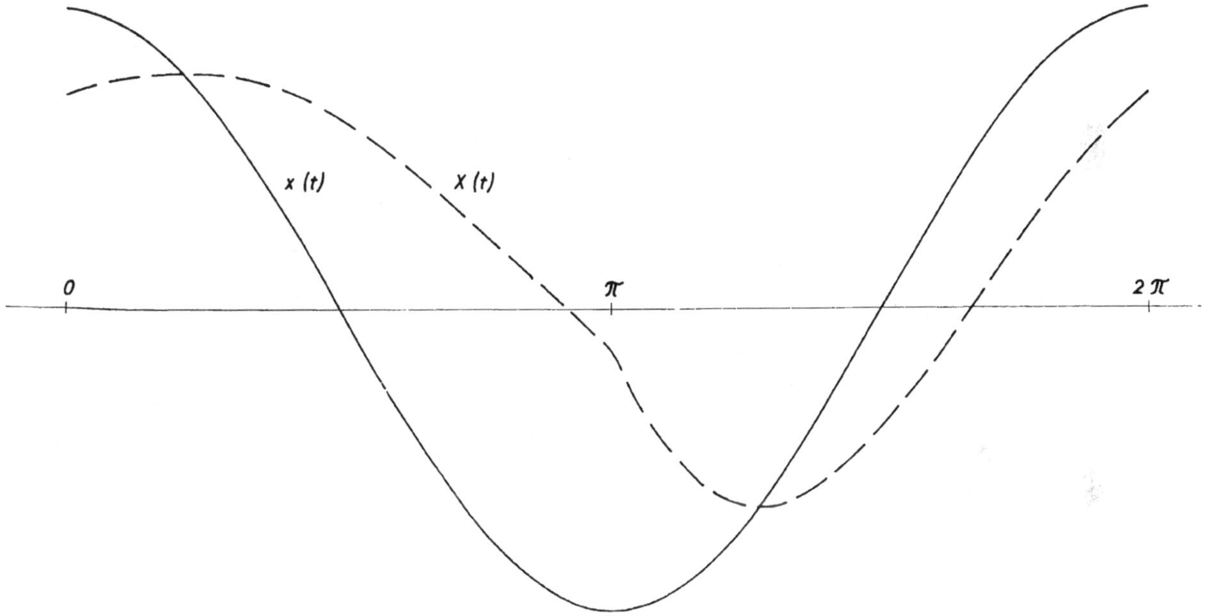

Abb. 2

In Abbildung 2 wurde diese Lösung für eine spezielle Wertekombination dargestellt. Ein kleiner Schönheitsfehler ist der Knick in der Lösung $X(t)$, das kommt durch die angenommene Unstetigkeit der Ableitung und ist für die grundsätzlichen Überlegungen nicht wichtig.

III. Fourieranalyse der Lösung

Die Lösung (8) geht für $\gamma=\gamma_*$ in die bekannte Lösung über, bei der nur Amplitude und Phase verändert werden: An (8) sieht man jedoch sofort, daß bei dem gewählten Modell das harmonische Eingangssignal auch deformiert wird: Maximum und Minimum der erzeugten Funktion haben verschiedene Phasenverschiebungen zu Maximum und Minimum der Eingangsfunktion. Man sieht an (8) auch schon, daß vorher nicht vorhandene Frequenzen auftreten müssen. Um diese Erscheinung genauer untersuchen zu können, werden wir das Amplitudenspektrum der Funktion (8) berechnen. Wir setzen wie üblich an

(9) $$X(t)=\frac{a_0}{2}+\sum_{1}^{\infty}\left\{a_n\cos n\omega t+b_n\sin n\omega t\right\}$$

und erhalten für die Koeffizienten mit den Bezeichnungen von (8)

$$
(10)\quad \begin{cases}
b_0 = 0 \\
a_0 = \dfrac{2}{T}\left\{\int\limits_0^{T/2} a(t)\,dt + \int\limits_{T/2}^{T} b(t)\,dt\right\} \\
a_n = \dfrac{2}{T}\left\{\int\limits_0^{T/2} a(t)\cos n\,\omega\,t\,dt + \int\limits_{T/2}^{T} b(t)\cos n\,\omega\,t\,dt\right\} \\
b_n = \dfrac{2}{T}\left\{\int\limits_0^{T/2} a(t)\sin n\,\omega\,t\,dt + \int\limits_{T/2}^{T} b(t)\sin n\,\omega\,t\,dt\right\}
\end{cases}
$$

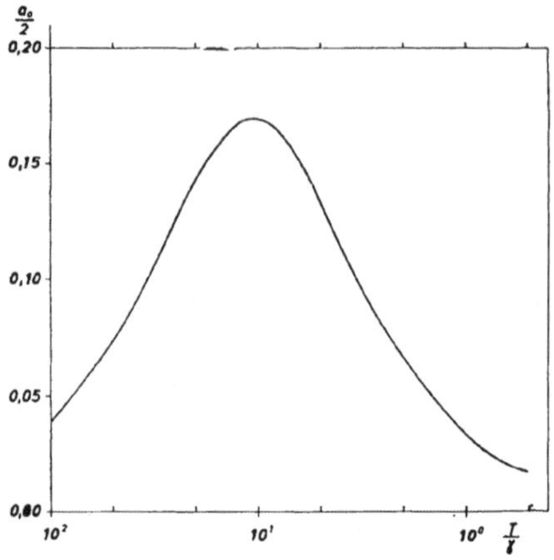

Abb. 3

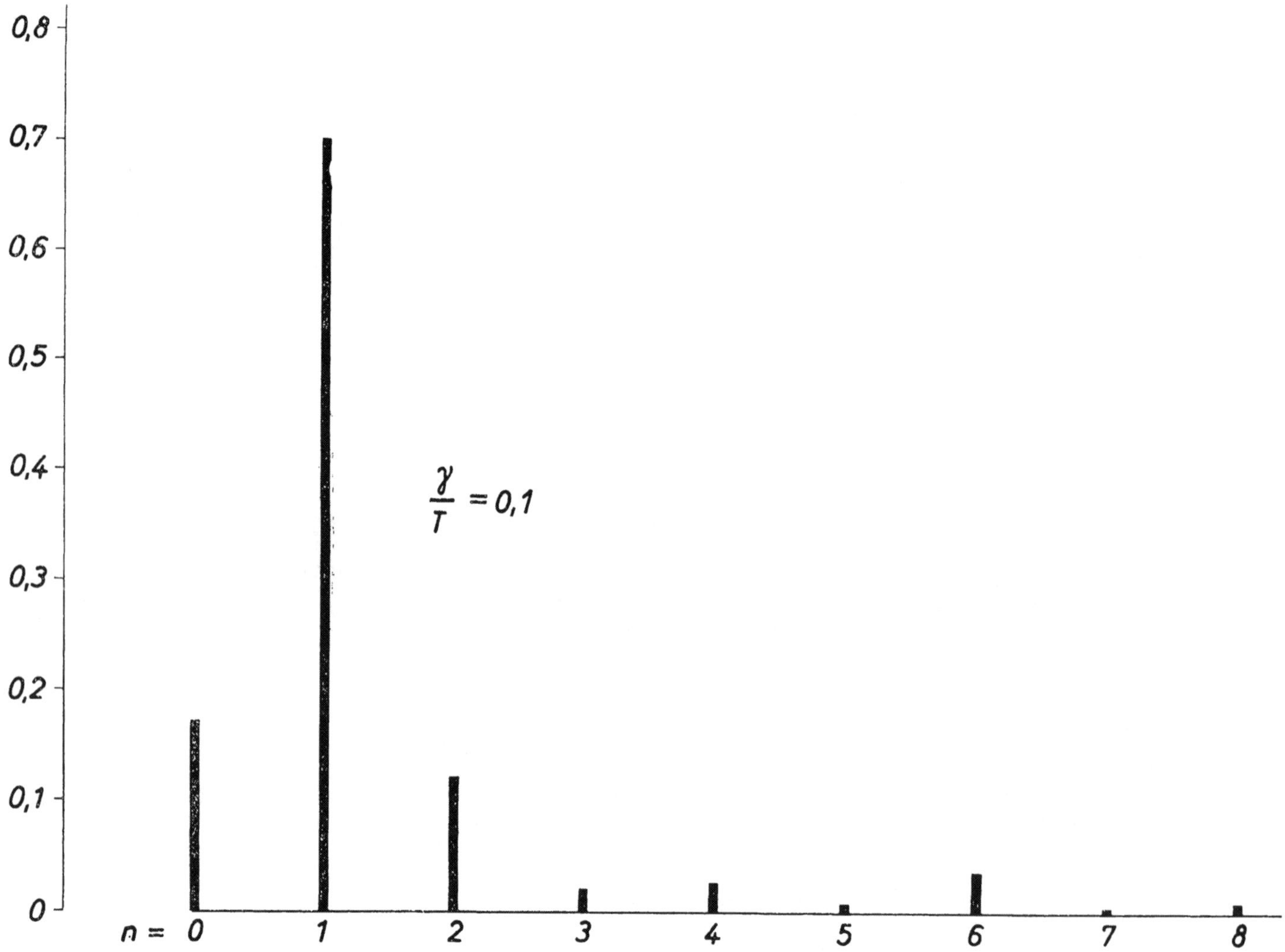

Abb. 4

Nach Berechnung der Integrale [6] bekommt man unter Benutzung der Abkürzungen B_1 und B_2

$$B_1 = \left\{\frac{1}{1+(\omega\gamma)^2} - \frac{1}{1+(\omega\gamma_*)^2}\right\} \frac{e^{\frac{\pi}{\omega\gamma}+\frac{\pi}{\omega\gamma_*}} + e^{\frac{\pi}{\omega\gamma_*}}}{e^{\frac{\pi}{\omega\gamma}+\frac{\pi}{\omega\gamma_*}} - 1}$$

$$B_2 = \left\{\frac{1}{1+(\omega\gamma)^2} - \frac{1}{1+(\omega\gamma_*)^2}\right\} \frac{e^{\frac{\pi}{\omega\gamma}+\frac{\pi}{\omega\gamma_*}} + e^{\frac{\pi}{\omega\gamma}}}{e^{\frac{\pi}{\omega\gamma}+\frac{\pi}{\omega\gamma_*}} - 1}$$

$$a_0 = \frac{1}{\pi}\left\{\frac{2\,\omega\gamma_*}{1+(\omega\gamma_*)^2} + B_1\,\omega\gamma_*(1 - e^{-\frac{\pi}{\omega\gamma_*}})\right\} + \frac{1}{\pi}\left\{-\frac{2\,\omega\gamma}{1+(\omega\gamma)^2} + B_2\,\omega\gamma(1 - e^{-\frac{\pi}{\omega\gamma}})\right\} \tag{11}$$

$$a_1 = \frac{1}{\pi}\left\{\frac{1}{1+(\omega\gamma_*)^2}\,\frac{\pi}{2} + B_1\,\frac{\omega\gamma_*(1+e^{-\frac{\pi}{\omega\gamma_*}})}{1+(\omega\gamma_*)^2}\right\} + \frac{1}{\pi}\left\{\frac{1}{1+(\omega\gamma)^2}\,\frac{\pi}{2} - B_2\,\frac{\omega\gamma(1+e^{-\frac{\pi}{\omega\gamma}})}{1+(\omega\gamma)^2}\right\}. \tag{12}$$

$$b_1 = \frac{1}{\pi}\left\{\frac{\omega\gamma_*}{1+(\omega\gamma_*)^2}\,\frac{\pi}{2} + B_1\,\frac{(\omega\gamma_*)^2(1+e^{-\frac{\pi}{\omega\gamma_*}})}{1+(\omega\gamma_*)^2}\right\} + \frac{1}{\pi}\left\{\frac{\omega\gamma}{1+(\omega\gamma)^2}\,\frac{\pi}{2} - B_2\,\frac{(\omega\gamma)^2(1+e^{-\frac{\pi}{\omega\gamma}})}{1+(\omega\gamma)^2}\right\} \tag{13}$$

$$a_n \underset{n \neq 1}{=} \frac{1}{\pi}\left\{\frac{\omega\gamma_*}{1+(\omega\gamma_*)^2}\,\frac{1+(-1)^n}{1-n^2} + B_1\,\frac{\omega\gamma_*[1-(-1)^n e^{-\frac{\pi}{\omega\gamma_*}}]}{1+(n\,\omega\gamma_*)^2}\right\} \tag{14}$$

$$+ \frac{1}{\pi}\left\{-\frac{\omega\gamma}{1+(\omega\gamma)^2}\,\frac{1+(-1)^n}{1-n^2} + B_2\,\frac{\omega\gamma[(-1)^n - e^{-\frac{\pi}{\omega\gamma}}]}{1+(n\,\omega\gamma)^2}\right\}$$

$$b_n = \frac{1}{\pi}\left\{\frac{n}{1+(\omega\gamma_*)^2}\,\frac{1+(-1)^n}{n^2-1} + B_1\,\frac{(\omega\gamma_*)^2[1-(-1)^n e^{-\frac{\pi}{\omega\gamma_*}}]\,n}{1+(n\,\omega\gamma_*)^2}\right\} \tag{15}$$

$$+ \frac{1}{\pi}\left\{-\frac{n}{1+(\omega\gamma)^2}\,\frac{1+(-1)^n}{n^2-1} + B_2\,\frac{(\omega\gamma)^2[(-1)^n - e^{-\frac{\pi}{\omega\gamma}}]\,n}{1+(n\,\omega\gamma)^2}\right\}$$

IV. Amplitudenspektrum der Ausgangsfunktion

Die Größe $a_0/2$ gibt wegen Gleichung (10) an, um welchen Bruchteil der Eingangsamplitude der Mittelwert (der Gleichstromanteil) größer angezeigt wird. Im praktischen Fall muß man ihn also jeweils auf diesen beziehen, um ein richtiges Bild zu erhalten. Dabei ist zu beachten, daß eine Beschränkung des vorliegenden Modells darin besteht, daß die Amplitude in m/s nicht zu groß werden darf, da man dann natürlich in den einzelnen Halbperioden γ nicht als konstant ansehen kann. In Abbildung 3 ist der Verlauf von $a_0/2$ als Funktion von T/γ dargestellt, dabei wurde angenommen, daß $\gamma/\gamma_* = 1/3$ ist. Die Größe T/γ entspricht der Qualität nach etwa dem Schrenk'schen Parameter K. Im Unterschied zu bisher vorliegenden Ergebnissen, haben wir bei einem bestimmten Wert des Parameters ein Maximum von $a_0/2$. Die Werte selbst sind etwas kleiner als die von Schrenk angegebenen. Ein Maximum kann man sich qualitativ etwa folgendermaßen erklären. Bei großem T (im Verhältnis zu γ) spielt die Trägheit keine Rolle mehr, das Instrument hat Zeit genug, sich einzustellen. Bei kleinem T (im Verhältnis zu γ) kann das Instrument nicht mehr folgen, es wird auf dem Gleichstromwert stehen bleiben. Zwischen diesen beiden Grenzfällen kommt der Unterschied zwischen beiden Trägheiten zum Tragen und erzeugt ein Maximum der Überschätzung.

In Abbildung 4 ist das Amplitudenspektrum der Funktion für $\gamma/T = 0{,}1$ dargestellt. Bei jedem ganzzahligen Vielfachen der Eingangsfrequenz ω ist die Größe $\sqrt{a_n^2 + b_n^2}$ aufgetragen. Die Phaseninformation, die sich als arc tg b_n/a_n berechnet, geht dabei verloren. An der Stelle $n = 0$ steht der Wert $a_0/2$. Das Schalenkreuzanemometer ist also ein nichtlineares System, es treten am Ausgang Frequenzen auf, die am Eingang gar nicht vorhanden sind. Dieser Effekt wird um so größer sein, je kleiner γ/γ_* ist, will man ihn vermeiden, muß die Reibung und das Trägheitsmoment des rotierenden Teils möglichst klein gehalten werden.

Literatur

[1] *O. Schrenk,* Über die Trägheitsfehler des Schalenkreuzanemometers bei schwankender Windstärke. Z. f. techn. Physik *10* (1929), 57
[2] *Deacon, E. L.,* The overestimation error of cup anemometers in fluctuating winds. J. of Sci. Instrum. *28* (1951), 231.
[3] *M. Sanuki,* Experiments on the start and stop of windmill- and cup anemometers with particular reference to their overestimation factors. Pap. in Meteor. and Geophysics III (1952), 41.
[4] *Jaglom, A. M.,* Ob ucete inercii meteorologiceskich priborov pri izmerenijach v turbulentnoj atmosfere. Tr. geofiziceskogo inst. AN SSSR *24* (151), 1954, 112.
[5] *Ramachandran, S.,* A theoretical study of cup and vane anemometers. I Quart. J. R. M. *95* (1969), 163, II Quart. J. R. M. *96* (1970), 115.
[6] *I. M. Ryshik, I. S. Gradstein,* Summen-, Produkt- und Integraltafeln. Berlin 1957.

Anschrift: Dipl.-Met. Werner Gerstmann, Meteorologischer Dienst der DDR, Meteorologisches Hauptobservatorium, Potsdam, Telegrafenberg

551.52
551.508.2

Ein Bodenwärmestrommesser für Wärmehaushaltsuntersuchungen bewachsener Oberflächen

Von **P. Mierdel**

Mit 6 Abbildungen

Zusammenfassung: Für den Einsatz bei Wärmehaushaltsuntersuchungen eignet sich zur Bodenwärmestrombestimmung am besten eine den Wärmestrom direkt anzeigende Meßanordnung. Ein bei Wärmehaushaltsuntersuchungen im Walde erfolgreich eingesetzter Wärmestrommesser wird beschrieben. Die Eichmethode, einige Meßfehler sowie der praktische Einsatz werden erläutert.

Summary: For heat balance investigations the heat flux in the soil can most suitably be measured by a direct-indicating device. A heat flux meter is described which was successfully applied to heat balance investigations in the forest. The calibration method, some measuring errors, and the practical application are discussed.

Der Anteil des Bodenwärmestromes am Wärmehaushalt bewachsener Oberflächen ist verschieden. In der Regel nimmt er mit höherem und dichterem Bewuchs ab, so erreicht er im Walde nur noch die Größenordnung einiger Prozente des gesamten Wärmeumsatzes (z. B. *Lützke* [1965], [1968]; *Mierdel* [1969]). Der Bodenwärmestrom kann in diesen Fällen trotzdem nicht übergangen werden, da er bei bestimmten Wettersituationen (Witterungswechsel) an Bedeutung stark zunehmen kann und seine Vernachlässigung die Fehlergrenzen von Wärmehaushaltsuntersuchungen im Walde unnötig vergrößert. Jedoch sollte die Genauigkeit der Bodenwärmestrommessung den Fehlergrenzen bei der Erfassung der übrigen Wärmehaushaltsglieder sinnvoll angepaßt werden. Dabei ist auch auf den instrumentellen Aufwand zu achten, der u. U. eine unnötig große Ausfallwahrscheinlichkeit der Anlage zur Folge haben kann.

Den Bodenwärmestrom erhält man bekanntlich auf zwei verschiedene Art und Weise: Einmal indirekt über die Erfassung der Wärmeinhaltsänderung des Bodens, zum anderen durch seine direkte Bestimmung. Im letzteren Falle bieten sich zwei Möglichkeiten an. Neben der Messung des vertikalen Temperaturverlaufs im Boden und anschließenden rechnerischen Ermittlung kann der Bodenwärmestrom auch mit speziellen Wärmestrommessern direkt gemessen werden. Außer beim letzten Verfahren müssen zur Bestimmung des Bodenwärmestromes einige Bodeneigenschaften, wie Wärmekapazität und Wärmeleitfähigkeit bekannt sein. Diese können im Labor ermittelt und durch Bodenfeuchtemessungen am Untersuchungsort über geeignete Formeln (z. B. *de Vries* [1958]) den wirklichen Werten angenähert werden oder aber auch im natürlichen Boden ermittelt werden, z. B. durch Beobachtung der Ausbreitung künstlich erzeugter Temperaturwellen im Boden (*Albrecht* [1932]) oder der Aufheizung konstant beheizter Stäbe (*Skeib* [1950], *Frankenberger* [1954]).

Rechnet man mit (wöchentlichen) Mittelwerten der Bodenwärmekapazität, so beschränkt sich der Meßaufwand auf periodische bzw. laufende Aufnahmen des Bodentemperaturprofils, doch ist der sich anschließende Rechenaufwand nicht gering, wenn die Genauigkeit der Meßwerte ausgenutzt wird.

Die direkte Messung des Bodenwärmestromes gestaltet sich erheblich einfacher und ergibt eine Ausgangsgröße, die der gesuchten Größe direkt proportional ist. Das hierbei angewandte Meßprinzip wurde schon 1930 von *Falckenberg* zur Bestimmung des nächtlichen Wärmeaustausches zwischen Erde und Luft herangezogen. Der durch eine Meßplatte hindurchtretende Wärmestrom erzeugt an deren Ober- und Unterseite eine bestimmte Temperaturdifferenz, die dem Wärmestrom direkt proportional ist. Seitdem ist die Technik dieser Art von Wärmestrommessung weiterentwickelt und verfeinert worden (z. B. *Lustig* und *Cammerer* [1955], *Fransila* und *Huovila* [1957], *Kolesnikow* und *Speranskaja* [1958], *Kaganow* und *Rosenschtok* [1961], *De Jong* und *Marquenie* [1962], *Bespalow* [1962], *Pawlow* [1965]).

Im Rahmen einer methodischen Untersuchung zur Wärmehaushaltsmessung im Walde ist vom Verfasser der letztgenannte Weg bei der Bestimmung des Bodenwärmestromes eingeschlagen worden. Der ohnehin schon große Rechenaufwand bei der Auswertung von Wärmehaushaltsmessungen sollte nicht noch durch Bodenwärmestrommessungen vergrößert werden. Die Meßgenauigkeit bei der Erfassung des gesamten Energieumsatzes lag in der Größenordnung des Bodenwärmestromes selbst, so daß sein Meßfehler nicht sehr ins Gewicht fallen konnte. Im folgenden soll der verwendete Bodenwärmestrommesser beschrieben und Erfahrungen beim Einsatz mitgeteilt werden.

Beschreibung des Bodenwärmestrommessers

Ein Wärmestrommesser im Boden muß im wesentlichen folgende Forderungen erfüllen:

1. Sorgfältiger Einbau ohne Zerstörung der Bodenstruktur
2. Geringe vertikale Abmessung
3. Wärmeleitfähigkeit der Meßplatte muß etwa der des Bodens entsprechen
4. Meßplatte muß wasserdampfdurchlässig sein.

Verfasser entschied sich für eine 5 mm starke Platte aus PVC, deren Wärmeleitfähigkeit durch zusätzliche Kupferstifte derjenigen des Erdbodens angeglichen wurde. Bohrungen (Durchmesser 2 mm) sorgen für eine entsprechende Wasserdurchlässigkeit. Zur Messung des sehr geringen Temperaturunterschiedes an der Ober- und Unterseite der 6 × 7 cm großen Platte sind 300 Thermopaare angebracht worden. Die Thermoelemente bestehen aus insgesamt 300 Windungen Konstantan-Draht (Durchmesser 0,3 mm), die zur Hälfte galvanisch verkupfert wurden. Abb. 1 zeigt den prinzipiellen Aufbau, Abb. 2 einen Einschub mit 2 Windungen im Detail.

Jeder Einschub stellt 50 Cu-Konstantan-Thermoelemente dar. Die Einschübe gestatten eine relativ einfache und gleichmäßige Verkupferung des Konstantan-Drahtes und ein schnelles Auswechseln bei Ausfall von Thermoelementen, ohne daß der gesamte Wärmestrommesser demontiert werden muß oder unbrauchbar wird. Die in Reihe geschalteten 6 Einschübe ergeben eine hinreichend hohe Thermospannung, um Temperaturdifferenzen bis zu 10^{-3} grd ohne zusätzlichen Meßverstärker erfassen zu können (Generatorinnenwiderstand 35 Ω). Dabei ist zu beachten, daß galvanisch erzeugte Thermosäulen nach *Höhne* (1961) eine um 23% niedrigere Thermospannung als normale Thermoelemente aus gleichem Material ergeben.

Für eine gute Wärmeleitfähigkeit in der Fläche ist die Ober- und Unterseite des Wärmestrommessers mit einer Graphitschicht versehen (Kolloid-Graphit). Den eigentlichen Schutz gegen äußere Einflüsse bildet eine Nitrolackschicht (Aluminium-Bronze) und ein Bootslackanstrich. Abb. 3 zeigt den fertigen Bodenwärmestrommesser (nach 4jährigem Einsatz im Waldboden).

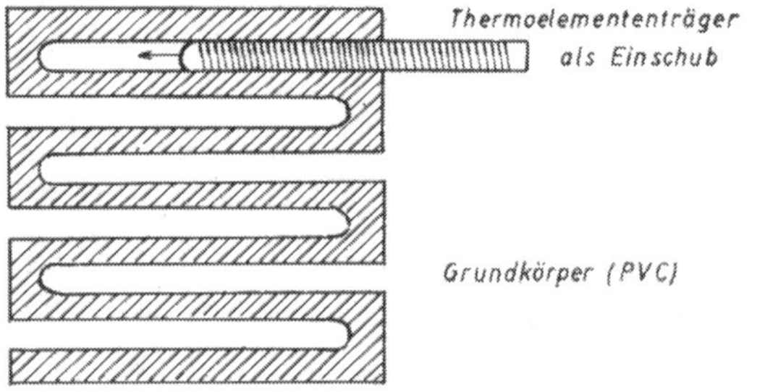

Abb. 1. Aufbau des Wärmestrommessers

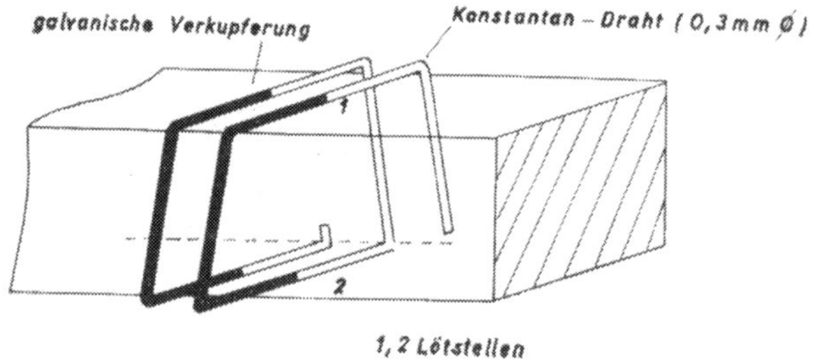

Abb. 2. Einschub mit 2 Windungen des Wärmestrommessers

Abb. 3. Bodenwärmestrommesser

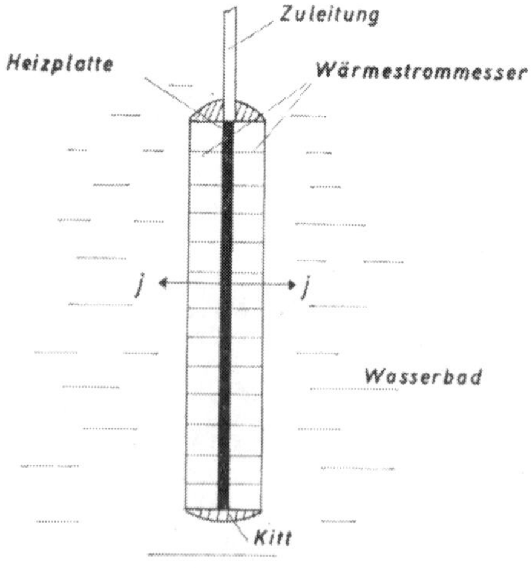

Abb. 4. Anordnung zur Eichung des Wärmestrommessers

Eichung

Die Eichung des Wärmestrommessers erfolgte nach einem von *Kolesnikow* und *Speranskaja* (1958) vorgeschlagenen Prinzip in einem konstant temperierten Wasserbad. Zwischen zwei gleiche Wärmestrommesser wurde eine dünne Heizplatte aus PVC (0,5 mm dick) angebracht, die mit Kupferdraht mit einem Windungsabstand von 1 mm umwickelt ist. Diese Heizplatte ist ebenfalls mit einer Schicht aus Kolloid-Graphit umgeben. Durch einen Vorwiderstand kann die Heizleistung zwischen 10 und 500 mW bequem geregelt werden. Abb. 4 zeigt die Anordnung zur Eichung.

Das Wasserbad wurde mit einem Thermostaten (Typ U 8, VEB Prüfgerätewerk Medingen) mit einer Regelschwankung von 0,005 grd temperiert. Bei konstanter Heizleistung erreicht die Heizfolie eine bestimmte Übertemperatur (gegenüber dem kühleren Wasserbad), bei welcher die erzeugte Wärme gleich der durch die Platten abfließenden Wärmemenge ist. Die erzeugte Wärmeleistung errechnet sich aus der aufgebrachten elektrischen Leistung zu

$$N_H = I^2 \cdot R \quad (I \text{ Heizstrom, } R \text{ Widerstand des Heizdrahtes}).$$

Der Wärmestrom durch eine Platte ist dann (Symmetrie vorausgesetzt)

$$j = \frac{I^2 \cdot R}{2\,F} \qquad (F \text{ Plattenfläche}).$$

Abb. 5 zeigt eine derart aufgenommene Eichkurve.

Die Wärmeleitfähigkeit des Wärmestrommessers berechnet sich zu

$$\lambda = \frac{j \cdot \alpha_{\text{eff}} \cdot d}{U_T}$$

(d Dicke der Platte, U_T gemessene Thermospannung),

wobei α_{eff} die effektive Thermokraft (Berücksichtigung der Art der Thermoelemente und des Innenwiderstandes des Meßgerätes) ist. Die Wärmeleitfähigkeit der Wärmestrommeßplatten sollte etwa dem Mittelwert der Wärmeleitfähigkeit des Bodens am Einsatzort gleich sein.

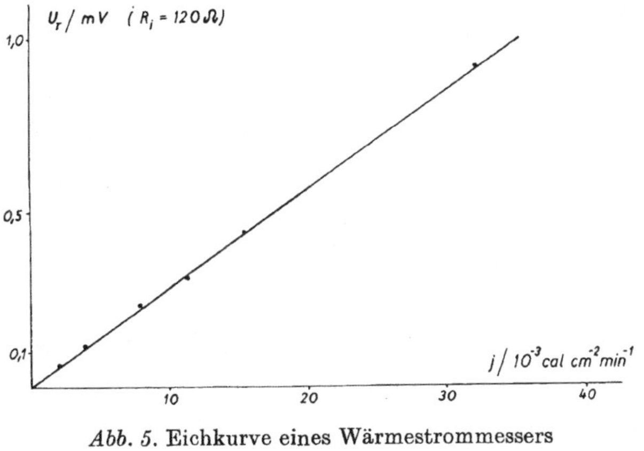

Abb. 5. Eichkurve eines Wärmestrommessers

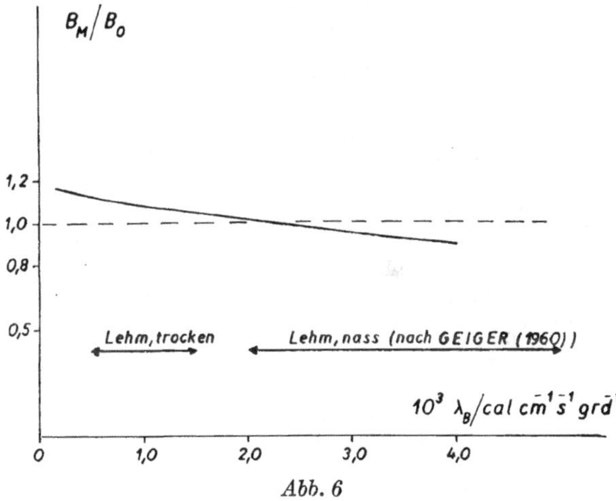

Abb. 6

Fehlerquellen

Inwieweit wird der Bodenwärmestrom durch die eingelassene Meßplatte an diesem Ort gestört? Nach *Kaganow* und *Rosenschtok* (1961) beträgt das Verhältnis des Wärmestromes durch die Meßplatte B_M zum Wärmestrom des ungestörten Bodens B_0:

$$\frac{B_M}{B_0} = \frac{\dfrac{\lambda_M}{\lambda_B}}{1 + 0{,}86\left(\dfrac{\lambda_M}{\lambda_B} - 1\right)}$$

(λ_M Wärmeleitfähigkeit der Meßplatte, λ_B Wärmeleitfähigkeit des Bodens).

Im Diagramm der Abb. 6 ist diese Funktion für $\lambda_M = 2{,}2 \cdot 10^{-3}$ cal/cm s grd (nach obiger Gleichung ermittelt) in Abhängigkeit von λ_B aufgetragen. Wir sehen, daß in einem relativ großen Bereich von λ_B die Störung durch den Wärmestrommesser unter 10% bleibt.

Da die Wärmekapazität des Wärmestrommessers nicht immer gleich derjenigen des natürlichen Bodens ist, besteht hierin eine weitere Möglichkeit für eine falsche Anzeige, jedoch ist dieser Effekt im Hinblick auf die langsame Änderung des natürlichen Bodenwärmestromes zu vernachlässigen.

Praktischer Einsatz

Zur praktischen Messung des Bodenwärmestromes wurden zwei Meßplatten etwa 0,5 bis 1,0 cm unter der Bodenoberfläche in 30 cm Abstand vergraben. Der Einbau geschieht zweckmäßigerweise durch Ausheben eines entsprechenden Stückes aus der Oberfläche des Bodens und seitliches Einschieben der Meßplatte in der gewünschten Tiefe, damit die Schicht über der Meßplatte möglichst unberührt bleibt. Beide Platten wurden in Reihe geschaltet, um einmal die Empfindlichkeit zu erhöhen und zum anderen eine gewisse Mittelung zu erhalten. Die punktförmige Messung des Bodenwärmestromes birgt stets die Gefahr in sich, keinen repräsentativen Wert zu erhalten. Fällt nämlich gerade auf den Ort des eingebauten Wärmestrommessers Sonnenlicht, so wird natürlich in diesem Augenblick ein allgemein hoher Bodenwärmeumsatz vorgetäuscht. Diese meist kurzzeitigen Extremwerte muß man bei der Auswertung berücksichtigen, ganz dürfen sie allerdings nicht gestrichen werden, denn ein Teil des Waldbodens ist ja stets dem Sonnenlicht ausgesetzt.

Da der Wärmestrommesser nicht einen Teil der Grenzfläche Boden-Luft bildet, sondern stets unterhalb dieser liegt, ist bei genauen Untersuchungen außerdem die Wärmespeicherung der über der Einbautiefe befindlichen Bodenschicht zu berücksichtigen.

Die eingesetzten Bodenwärmestrommesser haben sich gut bewährt und zeigten nach 4jähriger ununterbrochener Einlagerung im Waldboden (unter der Humusauflage) nur geringe Verwitterungserscheinungen.

Literatur

Albrecht, F., Ein Meßgerät für die Messung des Wärmeumsatzes im Erdboden. Meteor. Z. 1932, 294

Bespalow, D. P., Methodik der Messung des Wärme- und Temperaturflusses im Boden (russ.). Tr. wsesojus. nau. met. sowescht-schanija Bd. IX, Leningrad 1963

De Jong, J., L. Marquenie, Heat-flowmeters and their applications. Instrument Practice *16* (1962) 45

Falckenberg, G., Apparatur zur Bestimmung des momentanen nächtlichen Wärmeaustausches zwischen Erde und Luft. Meteor. Z. 1930, 154

Frankenberger, E., Ergebnisse von Wärmehaushaltsmessungen. Meteor. Rdsch. *7* (1954) 81

Franssila, M., S. Huovila, On the measurement of the heat flux into the soil. Geophysica *5* (1957) 124

Geiger, R., Das Klima der bodennahen Luftschicht. Braunschweig 1960

Höhne, W., Über den Temperaturkoeffizienten der Empfindlichkeit galvanisch erzeugter Thermosäulen. Archiv Meteor., Geophys., Bioklim. B *11* (1961) 126

Kaganow, M. A., J. L. Rosenschtok, Über die Messung der Wärmeströme mit Hilfe von Wärmestrommessern (russ.). Izw. Akad. Nauk SSSR, Ser. geofiz. 1961, 1174

Kolesnikow, A. G., A. A. Speranskaja, Ein Gerät zur Bestimmung des Wärmestromes (russ.). Izw. Akad. Nauk SSSR, Ser. geofiz. 1958, 1351

Lützke, R., Forschungsbericht „Energieumsatz im Walde". Inst. f. Forstwiss., Eberswalde 1965

Lützke, R., Forschungsbericht „Wasserhaushalt der Kiefer" Inst. f. Forstwiss., Eberswalde 1968

Lustig, W. L., J. S. Cammerer, Folien-Wärmestrom-Messer für technische und physiologische Untersuchungen. Gesundheits-ingenieur *76* (1955) 289

Mierdel, P., Ein Beitrag zur Methodik der Verdunstungsmessung im Walde. Dissertation, Techn. Univers. Dresden, 1969

Pawlow, A. W., Über die Methoden zur Bestimmung des Wärmeumsatzes im Boden (russ.). Teplowoj i radiacionyj balans jestestw. rast. i selskochos. polej. Herausg. Rauner, J. L., Moskau 1965

Skeib, G., Ein Meßverfahren zur Bestimmung der Wärmekapazität des Erdbodens mittels konstant geheizter Testkörper. Z. Meteor. *4* (1950) 32

Vries, D. A. de, Simultaneous transfer of heat and moisture in porous media. Trans. Amer. Geophys. Un. *39* (1958) 909

Anschrift: Dr. Peter Mierdel, TU Dresden, Sektion Wasserwesen, Bereich Hydrologie und Meteorologie, Lehrgebiet Meteorologie, 8027 Dresden, George-Bähr-Str. 1

551.509.39:631.671

Eine Methode zur Prognose des Wasserverbrauchs geschlossener Pflanzenbestände

Von **D. Krumbiegel**

Zusammenfassung: Für eine aktuelle Beratung der Bewässerungsbetriebe ist die Prognose des Wasserverbrauches geschlossener Pflanzenbestände (berechnet nach *Klatt*) erforderlich. Aus den 1969 gewonnenen Erfahrungen bei der operativen Beratungstätigkeit wurde eine Methode für die Prognose des Wasserverbrauches entwickelt und in mehreren Varianten überprüft.

Als Ausgangswerte für die Prognose werden Terminbeobachtungen synoptischer Beobachtungsstationen benutzt.

Eine Überprüfung ergab, daß die Wasserverbrauchswerte von synoptischen auf benachbarte Beobachtungsstationen übertragen werden können.

Mittels einer Regressionsgleichung läßt sich die Streuung der Prognosewerte deutlich verringern.

Eine Korrelationsrechnung ergab für die vorgeschlagene Methode ein Bestimmtheitsmaß von $B = 0{,}65$ ($r = 0{,}81$).

Summary: The current advisory service for irrigation operations requires the prediction of the water consumption in closed vegetation areas (*Klatt* method). On the basis of the experiences made in 1969 in the operational advisory activities, a method for the prediction of the water consumption has been developed and tested in various ways. For prediction the regular observations from synoptic stations were used. The study shows that the water consumption values can be extrapolated from synoptic stations to neighbouring observing stations. A regression equation is used to reduce the spread of the predicted values. A correlation calculation applied to the proposed method gives a reliability of $B = 0.65$ ($r = 0.81$).

Die agrarmeteorologische Beratung der Bewässerungsbetriebe in der sozialistischen Landwirtschaft der DDR erfolgt zur Zeit fast ausschließlich im „Bauern-Echo". Neben fachlichen Hinweisen werden Wochenwerte des Wasserverbrauches (*Klatt*, 1967) ausgewählter meteorologischer Stationen veröffentlicht. Mittels dieser Werte ist eine quantifizierte Steuerung der Bewässerungsanlagen auf der Grundlage von Beregnungsdiagrammen möglich.

Der Wasserverbrauch geschlossener, im Wachstum befindlicher Pflanzenbestände kann nach folgender Formel berechnet werden:

$$y = \frac{1}{6}\left\{2\,T + \frac{1}{5}\,T^2\right\} \pm 0{,}2 \,\triangle\, F_{80} \quad (\textit{Klatt}, 1967)$$

oder vereinfacht:

$$y = \frac{T}{3}\left\{1 + \frac{T}{10}\right\} \pm 0{,}2 \,\triangle\, F_{80}$$

Y = Wasserverbrauch während einer Pentade, mm
T = Pentadenmittel der Lufttemperatur, °C
$\triangle F_{80}$ = Abweichung des Pentadenmittels der relativen Luftfeuchtigkeit von 80%, %

Diese Beziehung wurde empirisch aus langjährigen Beregnungsversuchen entwickelt und findet in der Praxis verbreitet Anwendung. Die auf diese Weise berechneten Werte des Wasserverbrauches zeigen zu gemessenen Werten der potentiellen Evapotranspiration enge Beziehungen. Physikalisch exaktere Berechnungsverfahren (*Penman*, *Thornthwaite*) erfordern einen höheren Arbeitsaufwand, ohne wesentlich andere Werte zu ergeben (Untersuchungen des Forschungsinstitutes für Agrarmeteorologie Halle des Meteorologischen Dienstes der DDR).

Für die operative Beratungstätigkeit kommt es auf die Verwendung und die Veröffentlichung möglichst aktuellen Materials an. Die Zeitspanne zwischen Erarbeitung und Erscheinen der Hinweise von zwei Tagen muß deshalb mittels der Vorhersage des zu erwartenden Wasserverlustes überbrückt werden. Ausgangswerte für die Prognose bildeten die Beobachtungsdaten der synoptischen Stationen. Die Terminwerte 18.00 Uhr des Vortages und 0.00, 6.00, 12.00 Uhr (GMT) des Bearbeitungstages für Lufttemperatur und relative Luftfeuchte (aus Taupunktdifferenz und Lufttemperatur bestimmt) wurden gemittelt und daraus entsprechend der Formel nach *Klatt* (1967) der Wasserverbrauch für zwei Tage berechnet. Bei Stationen, die den 0.00 Uhr-Termin nicht wahrnehmen, ging der 6.00 Uhr-Wert doppelt in das Mittel ein.

Da die Prognosewerte nur für die synoptischen Stationen zu ermitteln waren, wurden sie auch für die jeweils benachbarten Beobachtungsstationen, die keine synoptischen Meldungen absetzen, verwandt.

Die mittlere absolute Abweichung zwischen den tatsächlichen und den prognostizierten Werten des Wasserverbrauches für 2 Tage betrug nur 1,0 mm. Für 25 abgegebene Prognosen (64 Stationen) ergibt sich nachstehende Häufigkeitsverteilung der absoluten Abweichungen:

Tabelle 1

Mittlere absolute Abweichung, mm	Häufigkeit
0,0–0,5	6
0,6–1,0	9
1,1–1,5	6
1,6–2,0	2
2,1–2,5	1
2,6–3,0	1

Im Mittel liegt der Wasserverbrauch für 2 Tage bei 5,2 ± 2,8 mm. Die absolute Abweichung der prognostizierten von den tatsächlichen Werten kann mit etwa 10–30% veranschlagt werden. Dieser Fehler fällt umso weniger ins Gewicht, als der Verlauf des Wasserverbrauches über die gesamte Vegetationszeit bilanziert wird und sich die positiven und die negativen Abweichungen quantitativ weitgehend ausgleichen. Unter Berücksichtigung der Vorzeichen der Abweichungen der Prognosewerte von den tatsächlichen ergibt sich ein Mittelwert für die gesamte Bewässerungsperiode von − 0,02 mm. Aus den vorstehenden Ausführungen ist zu schlußfolgern, daß diese Prognosemethode für praktische Belange mit völlig ausreichender Genauigkeit anwendbar ist.

Das Verfahren, die Prognosewerte für die synoptischen Stationen auf die benachbarten Beobachtungsstationen ohne Wettermeldedienst zu übertragen, wurde ebenfalls einer Überprüfung unterzogen. Insgesamt ergaben sich für alle 25 Prognosen (also für die gesamte Bewässerungsperiode) absolute Fehler zwischen den prognostizierten und den tatsächlichen Werten des Wasserverbrauches zwischen minus 6 und plus 8 mm. Dieser Fehler ist für praktische Belange völlig bedeutungslos. Die Benutzung der Werte benachbarter Stationen untereinander für Prognosezwecke ist deshalb ohne Bedenken vertretbar.

Eine für 1970 geplante Verlegung des Veröffentlichungstermins der Bewässerungshinweise schloß die Verwendung des 12.00 Uhr (GMT)-Termins für Prognosezwecke aus. Es galt deshalb zu überprüfen, ob die Prognosewerte aus anderen Daten berechnet werden können. In Tabelle 2 sind die Ergebnisse dieser Untersuchung zusammengestellt.

Tabelle 2

n	Prognosewert (x) berechnet aus	tatsächl. Wert (y) berechnet aus	B	r	Regressionsgleichung $y =$
370	$V_4 + B_{1-3}$	B_{1-4}	0,81	0,90	$0{,}92\,x$
368	$2(V_4 + B_{1-3})$	$B_{1-4} + F_{1(1-4)}$	0,81	0,90	$0{,}85\,x + 0{,}8$
370	$3(V_4 + B_{1-3})$	$B_{1-4} + F_{1(1-4)} + F_{2(1-4)}$	0,72	0,85	$0{,}76\,x + 2{,}0$
369	$2(V_{3,4} + B_{1,2})$	$B_{1-4} + F_{1(1-4)}$	0,65	0,81	$0{,}70\,x + 1{,}5$
367	$2(V_{1-4})$	$B_{1-4} + F_{1(1-4)}$	0,62	0,78	$0{,}68\,x + 1{,}5$

Erläuterung: V = Vortag, B = Bearbeitungstag, F_1 = 1. Folgetag, F_2 = 2. Folgetag
1, 2, 3, 4 = 0.00-, 6.00-, 12.00-, 18.00-Uhr-Werte

Das Ergebnis der Korrelationsrechnung mit 15 ausgewählten Stationen zeigt, daß die 1969 verwandte Methode der Berechnung des Wasserverbrauchs (2. Zeile, Tabelle 2) als sehr gut einzuschätzen ist. Dabei ist der geringe Unterschied zwischen den Prognosen für einen (1. Zeile) und für zwei Tage beachtenswert. Selbst wenn der Prognosezeitraum auf drei Tage ausgedehnt wird, liegt noch ein sehr enger Zusammenhang zu den tatsächlichen Werten vor (Zeile 3).

Benutzt man andere Ausgangsdaten für die Prognose ($2\,(V_{3,4} + B_{1,2})$ bzw. $2\,(V_{1-4})$), wie es in Zukunft vorgesehen ist, verringert sich die Genauigkeit stark. Der Termin B_3 (12.00 Uhr GMT), der mit hohem Gewicht in die Prognose eingeht, muß dann ausfallen. Die Unterschiede zwischen den beiden neuen Prognoseverfahren (Zeilen 4 und 5, Tab. 2) sind relativ gering, so daß die Möglichkeit gegeben ist, aus Gründen der Zeitersparnis mit den Tagesmitteln des Vortages zu arbeiten. Die etwas größere Ungenauigkeit muß dabei in Kauf genommen werden. Ergänzend zu Tabelle 2 wäre noch zu bemerken, daß alle Bestimmtheitsmaße und Korrelationskoeffizienten eine sehr gute statistische Sicherung aufweisen.

Eine Verbesserung der Prognose ist unter Verwendung der gefundenen Regressionsgleichungen denkbar. Diese Möglichkeit wurde am Beobachtungsmaterial von 6 weiteren, nach den gleichen Gesichtspunkten wie bei der vorstehend beschriebenen Korrelationsrechnung ausgewählten Stationen, geprüft. Die Prognosewerte des Wasserverbrauches wurden aus den Terminwerten $V_{3,4} + B_{1,2}$ berechnet. Als tatsächlicher Wert wurde der Wasserverbrauch des B und des F_1 verwendet (siehe Tab. 2, Zeile 4). Die Beziehung zwischen beiden Größen weicht nur wenig von den vergleichbaren Ergebnissen der Korrelationsrechnung in Tabelle 2 ab:

$$B = 0{,}69 \qquad r = 0{,}83 \qquad y = 0{,}72x + 1{,}4.$$

Rechnet man die Prognosewerte unter Verwendung der Gleichung

$$y = 0{,}7x + 1{,}5$$

in neue um, so zeigen diese zu den tatsächlichen Werten des Wasserverbrauchs die folgende Beziehung:

$$B = 0{,}67 \qquad r = 0{,}82 \qquad y = 1{,}05x - 0{,}3.$$

Daraus folgt, daß auf diese Weise die Beziehung zwischen den prognostizierten und den tatsächlichen Werten nicht enger gestaltet werden kann. Es ist jedoch beachtenswert, daß sich die Streuung der Prognosewerte von $\pm$ 3,45 mm auf $\pm$ 2,35 mm, also um 1,10 mm verringert. Damit wird eine deutliche Verbesserung der Prognose des Wasserverbrauchs hinsichtlich der Abweichungen zu den tatsächlichen Werten erreicht.

Literatur

Klatt, F. (1967), Die Steuerung der Beregnung nach dem Beregnungsdiagramm, Z. f. Landeskultur, Bd. 8, 89–98.

Anschrift: Dr. D. Krumbiegel, Meteorologischer Dienst der DDR, Zentrale Wetterdienststelle, 15 Potsdam, Michendorfer Chaussee 23

551.58:620.193
531.571

Die Befeuchtungsdauer metallischer Oberflächen an der Atmosphäre und ihr Zusammenhang mit der Luftfeuchte

Von G. Woelker

Mit 5 Abbildungen

Zusammenfassung: Die Dauer der sichtbaren Befeuchtung metallischer Oberflächen bei Freilagerung wurde in 4 landschaftlich sehr verschieden gelegenen Orten der DDR bestimmt. Die Befeuchtungsdauern lagen zwischen 1750 und 2300 Stunden pro Jahr. Der relativ enge Bereich zeigt, daß die klimatischen Bedingungen der atmosphärischen Korrosion der Metalle im gesamten Gebiet der DDR etwa gleichartig sind. In der frostfreien Jahreszeit nimmt die Befeuchtungsdauer etwa $^1/_3$ des Zeitraumes mit $RF \geqq 80\%$ und $^2/_3$ derjenigen mit $RF \geqq 90\%$ ein.

Summary: The duration of visible wetting of metallic surfaces under open-air conditions was determined on four different sites each in very different surroundings. The durations of wetness were between 1750 and 2300 hours per annum. This rather small range of hours shows that the climatic conditions of atmospheric corrosion of metals are more or less similar on the GDR territory. In the frost-free season the duration of wetness covers about $^1/_3$ of the time with a relative humidity of $\geqq 80\%$, and $^2/_3$ of the time with a relative humidity of $\geqq 90\%$.

1. Einleitung und Problemstellung

Die atmosphärische Korrosion ist als elektrochemischer Vorgang an die Anwesenheit eines Elektrolytfilmes auf der Oberfläche des korrodierenden Metalls gebunden. Die Dicke dieses Filmes kann je nach den äußeren Bedingungen zwischen wenigen Moleküllagen und Hunderten von μm liegen und bei behindertem Wasserablauf sogar einige mm erreichen. Obwohl elektrochemische Korrosionserscheinungen von Eisen durch Wasseradsorptionsfilme sich schon bei relativen Luftfeuchten von 30% nachweisen ließen [1], setzt nach den klassischen Arbeiten *Vernons* [2] eine merkliche Korrosion von Stahl in verunreinigter Luft erst oberhalb eines bestimmten Schwellenwertes der relativen Feuchte („kritische Feuchte") ein (Abb. 1). Über die Höhe dieses Schwellenwertes gibt es indessen unterschiedliche Auffassungen. *Vernon* [2] stellte für die atmosphärische Korrosion des Eisens eine kritische Luftfeuchte von 70% fest, *Patterson* und *Hebbs* [3] nehmen 60% an, während *Bartoň* und *Bartoňova* [4, 5] 80% für den wahrscheinlichsten Wert halten. Dementsprechend betrachten die

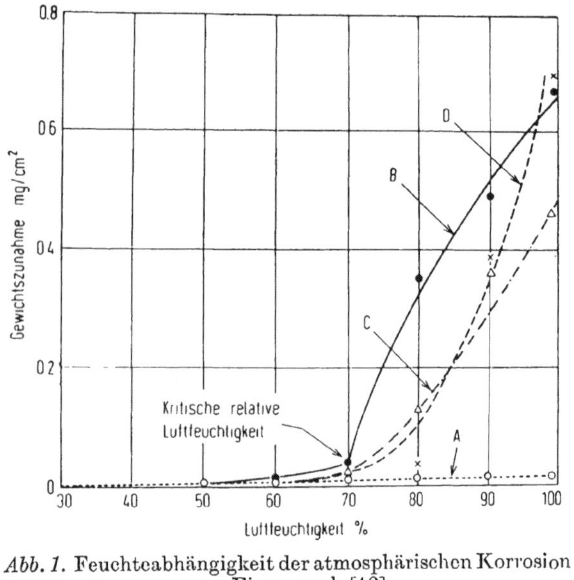

Abb. 1. Feuchteabhängigkeit der atmosphärischen Korrosion von Eisen, nach [12]

A Reine Luft
B Luft mit 0,01% SO_2
C Luft mit festen Schwebestoffen
D Luft mit SO_2 und Schwebestoffen

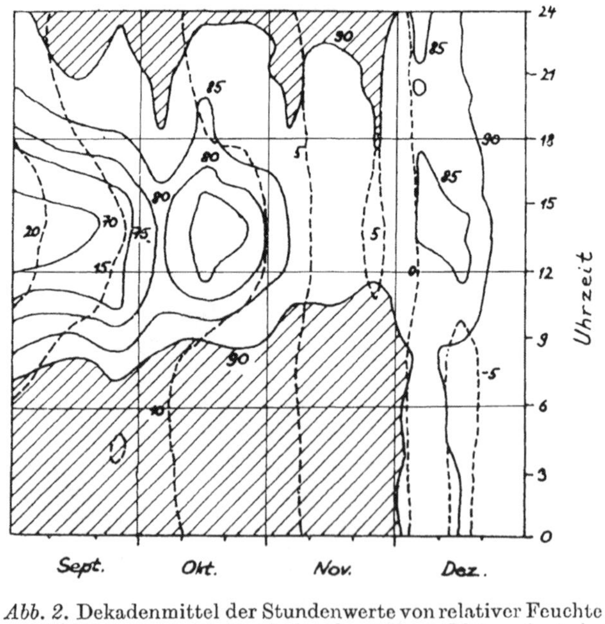

Abb. 2. Dekadenmittel der Stundenwerte von relativer Feuchte und Lufttemperatur in Isoplethendarstellung (Meteorologische Station Neuruppin, 1968)

——— Luftfeuchte
– – – Temperatur
schraffiert: Zeiträume mit $RF \leq 90\%$, $T \geq 0$ °C

letztgenannten Autoren die Summe der Zeiträume, in denen die relative Feuchte bei Temperaturen ≥ 0 °C über 80% liegt, als Korrosionsdauer und beziehen die bei Korrosionsversuchen gefundenen Materialabtragswerte auf diese Korrosionsdauer, die aus den meteorologischen Isoplethendiagrammen des jeweiligen Expositionsortes durch graphische Integration entnommen werden kann (Abb. 2).

An der freien Atmosphäre kommt es außer zur Bildung von Wasseradsorptionsfilmen bei überkritischen Luftfeuchten auch häufig zur Benetzung der Metalloberflächen durch makroskopisch sichtbare Wasserfilme infolge Einwirkung von Regen, Tau usw. Wie überschlägliche Berechnungen von *Tomašov* und *Berukštis* [6] zeigten, kann die Korrosion unter Wasseradsorptionsfilmen gegenüber derjenigen, die bei makroskopisch sichtbarer Befeuchtung auftritt, vernachlässigt werden. Auf Grund dieser Einschätzung wird in der UdSSR die Dauer der makroskopisch sichtbaren Befeuchtung einer Metalloberfläche als Korrosionsdauer angesehen und stellt damit den wichtigsten Kennwert für den klimatisch bedingten Teil der Korrosionsaggressivität der Atmosphäre eines bestimmten Ortes dar. In Übereinstimmung damit wurde das Territorium der UdSSR nach den klimatischen Korrosionsbedingungen in 11 Zonen aufgeteilt, die sich in der Befeuchtungsdauer um jeweils 250 h/a unterscheiden. Die Messung der Befeuchtungsdauer ist auch in den RGW-Empfehlungen zur Charakterisierung der Expositionsbedingungen bei Korrosionsversuchen an der Atmosphäre vorgeschrieben [7].

In der vorliegenden Arbeit werden erste Ergebnisse der Messung der Befeuchtungsdauer korrodierender Metalle auf 4 Bewitterungsstationen der DDR mitgeteilt. Da sich 3 der Meßorte auf dem Gelände von Stationen des Meteorologischen Dienstes der DDR befinden, ergab sich die Möglichkeit, die gefundenen Befeuchtungsdauern mit den im gleichen Zeitraum gemessenen meteorologischen Werten, insbesondere der relativen Luftfeuchte, zu vergleichen und Zusammenhänge zwischen ihnen festzustellen.

Dadurch konnte ein Beitrag zur Klärung der beschriebenen Unstimmigkeiten bei der Definition der Korrosionsdauer geleistet werden.

2. Experimentelle Durchführung

Zur Feststellung von makroskopischen Feuchtigkeitsfilmen auf Metalloberflächen wurde von *Tomašov* und Mitarbeiter [1, 8] das in Abb. 3 schematisch dargestellte Modell eines Mikrokorrosionselementes entwickelt. Es besteht aus einem Stapel abwechselnd angeordneter, durch Isolierschichten voneinander getrennter dünner Cu- und Fe-Plättchen, die elektrisch parallel geschaltet sind. Der Stapel ist in Epoxidharz eingegossen. Wird die Arbeitsfläche des Modells, die aus den abgeschliffenen Stirnseiten der Metallplättchen besteht, von einem Feuchtigkeitsfilm benetzt, so bildet sich zwischen den beiden Metallen ein Kontaktkorrosionselement aus, dessen über einen äußeren Widerstand fließender Strom registriert werden kann.

Die Herstellung dieser Geber nach der sowjetischen Originalvorschrift wurde in der deutschsprachigen Literatur bereits von *Baumann* [9] beschrieben. Wir verwendeten abweichend davon zur Verklebung der Metallplättchen anstelle von phenolharzgetränktem Papier eine Klebfolie mit Stützgewebe und erzielten dadurch eine wesentliche Vereinfachung des Herstellungsganges und dünnere Klebfugen von ca. 150 μm Breite. Die Arbeitsflächen unserer Geber bestanden aus 25 bis 30 Metallpaaren und waren ca. 18 cm^2 groß.

Zur Registrierung des von ihnen abgegebenen Stromes dienten normale Fallbügel-/Thermoschreiber mit einer Empfindlichkeit von $1{,}25 \cdot 10^{-6}$ A/mm. Als Befeuchtungsdauer wurde die Summe der Zeiträume angesehen, in denen der Ausschlag des Meßwerkes 2 mm überstieg. Im Normalfall lag der Ausschlag zwischen 20 und 80 mm, und die Grenzen zwischen benetztem und trockenem Oberflächenzustand waren klar zu ziehen. Der Papiervorschub betrug 20 mm/h.

Je 2 dieser Geber wurden auf den Bewitterungsstationen
- Kap Arkona (42 m)
- Neuruppin (38 m)
- Sonneberg-Neufang (626 m)
- Pirna-Sonnenstein (200 m)

in der gleichen Stellung wie die Korrosionsproben, nämlich in 1,5 m Höhe über dem Boden und unter 45° nach Süden geneigt, in einer Entfernung von mindestens 5 m von Gebäuden angebracht und durch Klingelleitungen mit den in geheizten Räumen oder wenigstens überdacht stehenden Schreibern verbunden.

Die verschiedenen Niederschlagsformen erzeugen charakteristische Strom/Zeit-Kurvenverläufe, von denen einige Beispiele in Abb. 4 schematisch wiedergegeben sind. So ruft einsetzender Regen ein scharfes Maximum des Stromflusses hervor, der weitere Verlauf der Kurve zeigt insbesondere bei Regenschauern starke Schwankungen. Die Abtrocknungsgeschwindigkeit nach dem Aufhören des Regen hängt, wie *Tomašov* und Mitarbeiter [6] in umfangreichen Versuchen zeigten, von Temperatur, Luftfeuchte und Windgeschwindigkeit ab und ist deshalb recht verschieden. Die durch Taufall hervorgerufene Befeuchtungskurve verläuft im allgemeinen etwas niedriger, ruhig und ausgeglichen und zeigt schwache abend- und morgendliche Maxima. An Hand dieser Kurvenformen läßt sich meist sicher beurteilen, ob die Befeuchtung von Regen oder Tau stammt, bei nächtlichen Regenfällen ist keine Unterscheidung möglich. Auftauende gefrorene Niederschläge erzeugen keine charakteristischen Kurvenformen. Der Verrostungszustand der Oberfläche des Gebers hatte auf die Befeuchtungsdauer und Kurvenform im Einklang mit sowjetischen Erfahrungen [10] nur geringen Einfluß. Im allgemeinen war es ausreichend, die Geber aller 3 Monate zu entrosten.

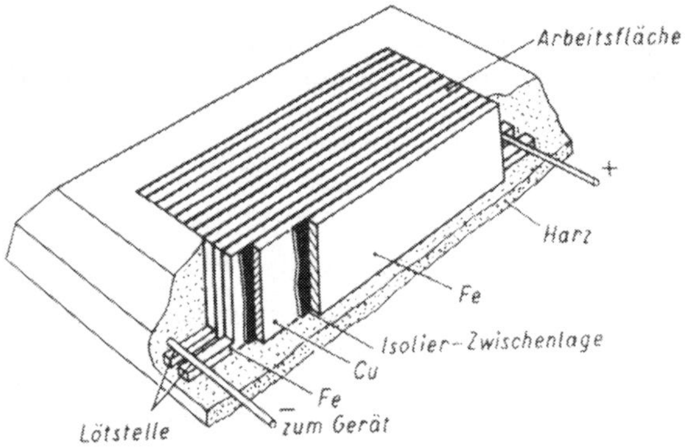

Abb. 3. Geber für Befeuchtungsmessungen

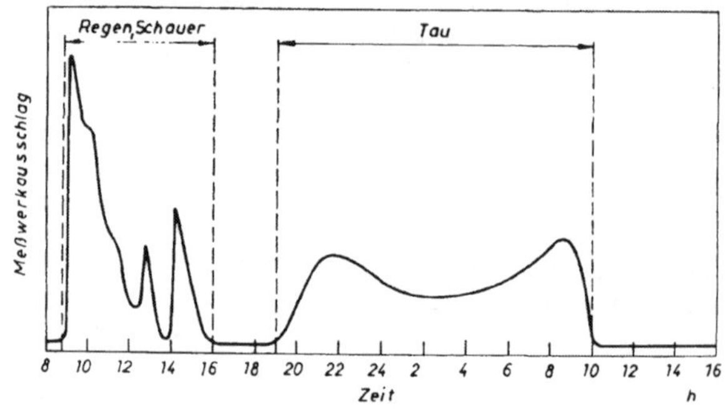

Abb. 4. Charakteristische Korrosionsstrom/Zeit-Kurven bei Regen- und Taueinwirkung

Die Registrierung des Korrosionsstromes durch Fallbügelpunktschreiber erforderte einen relativ hohen Wartungs- und Auswertungsaufwand und war etwas störanfällig. Um diese Schwierigkeiten zu umgehen, wurde ein Gerät zur selbsttätigen Summation der Befeuchtungsdauer entworfen, als Funktionsmuster gebaut und erprobt. Es besteht im Prinzip aus einem Schnitt-Trigger, der bei einer bestimmten (wählbaren) Stärke des vom Geber gelieferten Stromes (bzw. bei einem bestimmten Wert des Geber-Innenwiderstandes) kippt und ein Relais betätigt, das wiederum ein Betriebsstundenzählwerk ein- und ausschaltet, an dem die Befeuchtungsdauer direkt abgelesen werden kann. Das Gerät bewährte sich ausgezeichnet und wird für die künftigen Befeuchtungsdauermessungen allgemein eingesetzt werden. Es wurde inzwischen zum Patent angemeldet.

3. Ergebnisse und Diskussion

In Tabelle 1 sind die Ergebnisse der Befeuchtungsdauermessungen auf den genannten Bewitterungsstationen für die Zeit von Novemer 1969 bis Oktober 1970 in Form der Monatssummenwerte zusammengestellt. Die Jahressummenwerte der einzelnen Stationen liegen in dem relativ engen Bereich von 1740 bis 2325 h/a. Die klimatischen Bedingungen der atmosphärischen Korrosion sind also auf dem gesamten Gebiet der DDR relativ einheitlich. Ein Vergleich mit den wesentlich differenzierteren Werten aus verschiedenen Gebieten der Sowjetunion, wo in der mittelasiatischen Wüste 850 h/a, in Moskau 1350 h/a und in Batumi 3150 h/a gemessen wurden, macht das besonders deutlich.

Tabelle 1. *Befeuchtungsdauer (in h) metallischer Oberflächen auf ausgewählten Bewitterungsstationen in der DDR*

		Kap Arkona	Neuruppin	Sonneberg-Neufang	Pirna-Sonnenstein
1969	November	130	210	215	110
	Dezember	50	60	40	60
1970	Januar	190	140	150	150
	Februar	95	135	135	150
	März	180	170	175	170
	April	200	175	205	235
	Mai	170	145	190	270
	Juni	80	85	70	185
	Juli	120	100	190	145
	August	195	120	160	300
	September	105	200	165	210
	Oktober	225	305	510	340
November 1969 bis Oktober 1970		1740	1845	2205	2325

Die gegenüber den norddeutschen Stationen etwas höheren Werte im Mittelgebirgsvorland und Mittelgebirge im Süden der DDR (Pirna und Sonneberg) entsprechen den höheren Niederschlagsmengen und -dauern in diesen Gebieten. Überraschend sind die relativ langen Befeuchtungsdauern in den Wintermonaten in Sonneberg, wo in dieser Zeit fast ständig Lufttemperaturen unterhalb 0 °C herrschen. In Pirna-Sonnenstein macht sich offenbar als lokale Bedingtheit die Lage der Bewitterungsstation am Rande des feuchten Elbkessels durch eine hohe Befeuchtungsdauer bemerkbar.

Im Gegensatz zu den jährlichen Befeuchtungsdauern ist die Streubreite der Monatssummenwerte recht groß (z. B. in Sonneberg zwischen 40 und 510 h/Mon.) Die atmosphärischen Bedingungen der Korrosion an einem Ort können also nur durch längere Messungen der Befeuchtungsdauer (mindestens 1 Jahr) eingeschätzt werden.

Der Untersuchung des Zusammenhanges zwischen Befeuchtungsdauer und meteorologischen Daten gingen die folgenden Überlegungen voraus:

Beziehungen zwischen der Befeuchtungsdauer und der vom Meteorologischen Dienst gemessenen Regenmenge bzw. der nach visuellen Beobachtungen notierten Regendauer waren nicht zu erwarten, da,
– der Tatbestand der Befeuchtung nicht von der Niederschlagsmenge abhängt
– die Form der aufgenommenen Strom-Zeit-Kurven zeigte, daß besonders in den niederschlagsarmen Monaten der größte Teil der Befeuchtung durch Tau hervorgerufen wird.

Dagegen erscheint ein Zusammenhang mit der relativen Luftfeuchte wahrscheinlich, da sowohl bei Regen- wie bei Taubefeuchtung eine hohe Luftfeuchte vorhanden sein muß. Dies gilt allerdings nur für die frostfreie Jahreszeit, da bei Temperaturen unterhalb 0 °C die Korrosion durch Einfrieren der Oberflächenfilme praktisch aufhört [8] und damit von der Luftfeuchte unabhängig wird. Korrosion kann in den Wintermonaten also nur bei Temperaturen $\geqq$ 0 °C auftreten. Ein eindeutiger Zusammenhang mit der Lufttemperatur ist hier aber auch nicht zu erwarten, da
– die Temperatur der Metalloberfläche sich von der im Schatten gemessenen Lufttemperatur wesentlich unterscheiden kann,
– bei trockener (abgetauter) Probenoberfläche auch bei Temperaturen $\geqq$ 0 °C keine Korrosion stattfindet.

Beziehungen zwischen Luftfeuchte und Benetzungsdauer waren also nur für die frostfreien Monate zu erwarten.

Zur Feststellung solcher Beziehungen wurde aus den Meßprotokollen der meteorologischen Stationen, auf deren Gelände die Messungen durchgeführt wurden, die Anzahl der Stunden ermittelt, in denen die relative Luftfeuchte (gemessen mit dem Aßmann-Psychrometer in 2 m Höhe über dem Erdboden) 80, 90 und 95% überschritt. Dieses Verfahren ist genauer als die Auswertung der Isoplethendiagramme, da diese aus den Dekaden- oder Monatsmitteln der meteorologischen Werte gezeichnet werden. In Abb. 5 ist die tägliche Dauer der Überschreitung von 90 und 95% relativer Feuchte und die tägliche Befeuchtungsdauer für zwei Monate mit zufällig gleicher Befeuchtungsdauer zusammengestellt. Die gute Korrelation zwischen der Befeuchtungsdauer und der Anzahl der Stunden mit $RF \geqq 90\%$ ist sofort zu erkennen.

In Tabelle 2 sind die monatlichen Befeuchtungsdauern von April bis September 1970 der Dauer der Überschreitung der relativen Luftfeuchten 80, 90 und 95% gegenübergestellt. Es zeigte sich, daß sich die Befeuchtungsdauer und die Dauer der Überschreitung von 90% relativer Feuchte im allgemeinen am nächsten liegen. Die Quotienten beider Zahlen liegen für die Stationen Kap Arkona, Neuruppin und Sonneberg zwischen 0,48 und 1,00, die Halbjahresmittelwerte der Quotienten zwischen 0,60 und 0,83. Hier ist also die Oberfläche in etwa zwei Dritteln des Zeitraumes benetzt, in dem die relative Luftfeuchte 90% überschreitet.

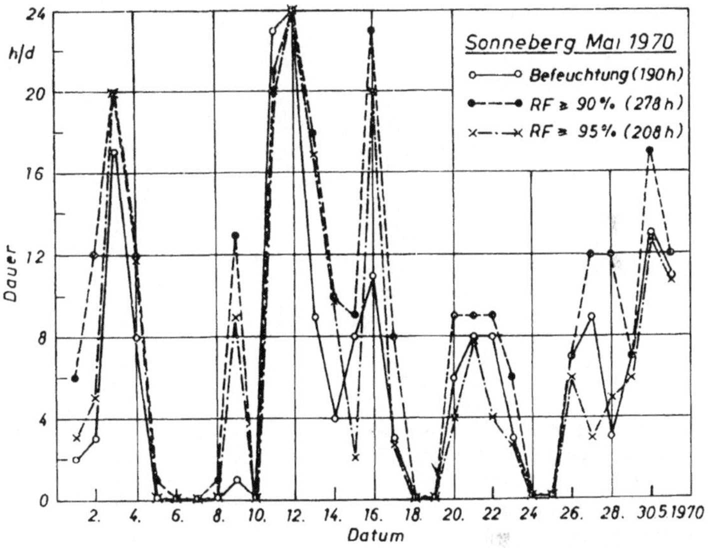

Abb. 5a

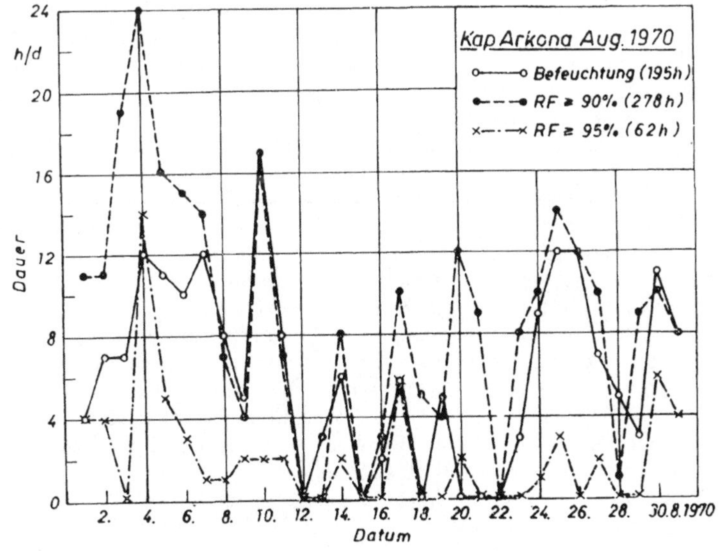

Abb. 5b

Abb. 5. Befeuchtungsdauer und Dauer der Überschreitung bestimmter Werte der relativen Feuchte in zwei ausgewählten Monaten (Tagessummenwerte)

Tabelle 2. *Zusammenhang von Befeuchtungsdauer und Luftfeuchte*

Ort	Monat	Dauer der Befeuchtung	Dauer der Überschreitung der relativen Luftfeuchte 80%	90%	95%	Monats-Mittel der relativen Luftfeuchte	Befeuchtungsdauer / Dauer der rel. Feuchte ≧ 80%	≧ 90%	≧ 95%
		h/Mon	h/Mon	h/Mon	h/Mon	%			
Kap Arkona	April	200	619	382	235	89,0	0,32	0,52	0,85
	Mai	170	593	320	146	85,9	0,29	0,53	1,16
	Juni	80	415	166	42	79,2	0,19	0,48	1,90
	Juli	120	410	163	42	80,3	0,29	0,73	2,86
	August	195	536	278	62	84,0	0,36	0,69	3,10
	September	100	323	150	48	77,4	0,31	0,67	2,08
	Mittelwert						0,29	0,60	2,00
Neuruppin	April	175	469	243	116	82,9	0,37	0,72	1,50
	Mai	145	347	189	76	74,4	0,42	0,77	1,91
	Juni	85	212	85	35	66,3	0,40	1,00	2,42
	Juli	100	350	165	41	75,0	0,29	0,61	2,44
	August	121	304	126	36	73,0	0,40	0,96	3,36
	September	200	412	217	90	78,9	0,49	0,92	2,22
	Mittelwert						0,40	0,83	2,31
Sonneberg	April	205	510	286	198	86,3	0,40	0,72	1,04
	Mai	190	407	278	208	78,7	0,47	0,68	0,91
	Juni	70	260	145	92	70,5	0,27	0,48	0,76
	Juli	190	427	309	210	80,9	0,44	0,62	0,90
	August	160	422	265	196	80,3	0,38	0,60	0,82
	September	165	415	254	157	80,7	0,40	0,65	1,05
	Mittelwert						0,39	0,63	0,91
Pirna	April	235	280	191	120	77,6	0,84	1,23	1,96
	Mai	270	337	202	128	74,7	0,80	1,34	2,10
	Juni	185	240	127	68	68,5	0,77	1,45	2,72
	Juli	145	249	92	31	69,1	0,58	1,49	4,68
	August	300	387	286	183	77,1	0,78	1,05	1,64
	September	210	284	136	46	72,3	0,74	1,55	4,56
	Mittelwert						0,75	1,35	2,86

In Pirna liegt dagegen der Quotient zwischen 1,05 und 1,55 (Mittelwert 1,35). Hier scheint demnach die Benetzung der Oberflächen im Mittel schon bei relativen Feuchten unterhalb 90% einzusetzen. Diese Abweichung erklärt sich jedoch zwanglos dadurch, daß die relativen Luftfeuchten nicht in Pirna gemessen, sondern die Meßwerte der 35 km nordwestlich gelegenen Meteorologischen Station Wahnsdorf bei Dresden verwendet wurden. Es ist ohne weiteres denkbar, daß die relativen Luftfeuchten in Pirna durch den Elbtaleinfluß im Durchschnitt um einige Prozente höher liegen als in Wahnsdorf und die Abweichung also nur eine scheinbare ist.

Die Korrelation der Befeuchtungsdauer mit der Dauer der Überschreitung von 95% relativer Luftfeuchte ist, wie die zwischen 0,85 und 3,36 streuenden Quotienten zeigen, wesentlich schlechter. So war in Sonneberg vom Mai bis August 1970 im Durchschnitt erst oberhalb 95% relativer Feuchte Befeuchtung festzustellen, während an allen anderen Orten die Anzahl der Stunden mit $RF \geqq 95\%$ kleiner war als die der Befeuchtungsstunden.

Die Quotienten der Befeuchtungsdauer und der Dauer der Überschreitung von 80% relativer Feuchte liegen zwischen 0,19 und 0,47 (Halbjahresmittelwerte der Meßorte 0,29 bis 0,40). Eine Benetzung findet also nur in etwa einem Drittel des Zeitraumes statt, in dem die relative Feuchte oberhalb 80% liegt. Die „Korrosionsdauern" im Sinne von *Tomašov* und *Berukštis* [6] einerseits und *Bartoň* und *Bartoňova* [4, 5] andererseits unterscheiden sich demnach wesentlich voneinander. Um zu entscheiden, welche Größe die Verhältnisse bei der Freiluftkorrosion besser beschreibt, müßten die Beiträge bekannt sein, die die Korrosion bei Befeuchtung und diejenige bei überkritischer Feuchte ohne Befeuchtung zum Gesamteffekt liefern.

Wenn man annimmt, daß bei unseren Messungen die Stromstärke bei der Korrosion ohne Befeuchtung zu gering war, um die verwendete Meßeinrichtung zu betätigen, so läßt sich aus der Schreiberempfindlichkeit und der registrierten Strommenge abschätzen, daß die Korrosion ohne Befeuchtung nur einen Beitrag von ca. 1–10% zum Gesamteffekt liefern kann. Dieser Wert kann allerdings dadurch verfälscht sein, daß das Eisen in dem verwendeten Geber unter starker Polarisation durch das Kupfer korrodiert. Außerdem bildet der schwach elektronenleitende Rost einen Nebenschluß zum Schreiber. Andere Autoren fanden wesentlich höhere Beiträge der Korrosion ohne Befeuchtung. So errechnete *Dearden* [11], daß bei der Freibewitterung von Eisen etwa 25% der Gesamtkorrosion bei Luftfeuchten zwischen 80 und 90% auftreten. Die Klärung dieser Unstimmigkeiten muß weiteren Arbeiten vorbehalten bleiben.

Den Mitarbeitern des Meteorologischen Dienstes der DDR auf den von uns benutzten Stationen möchte ich für die sorgfältige Betreuung unserer Meßeinrichtungen an dieser Stelle herzlich danken.

Literatur

[1] *Tomašov, N. D., G. K. Berukštis, A. A. Lokotilov,* Ein Gerät zur Bestimmung der Korrosionsaggressivität der Atmosphäre, Zav. lab. *22* (1956) 3, 345.

[2] *Vernon, W. R. J.*, Laboratoriumsuntersuchungen über die atmosphärische Korrosion der Metalle, Trans. Farady Soc. *27* (1931) 255 und 582, *31* (1935) 1668–1700.

[3] *Patterson, W. S., L. Hebbs,* Trans. Farady Soc. *27* (1931) 277.

[4] *Bartoň, K., Z. Bartoňova,* Auswertung dreijähriger atmosphärischer Korrosionsversuche mit Eisen, Kupfer und Zink auf tschechoslowakischen Prüfstationen, Werkstoffe und Korrosion *20* (1969) 2, 87.

[5] *Bartoň, K., Z. Bartoňova,* Der Begriff „Kritische Feuchtigkeit" beim atmosphärischen Rosten von Stahl, Werkstoffe und Korrosion *21* (1970) 2, 85.

[6] *Tomašov, N. D., H. K. Berukštis,* Die Bestimmung der Geschwindigkeit der atmosphärischen Korrosion der Metalle aus den meteorologischen Daten, Tr. Inst. Fiz. Chim. AN SSSR *8* (1960) 69–83.

[7] *Baumann, K.*, RGW-Vereinbarungen zur Durchführung von Bewitterungsversuchen, IfL-Ber. 43-2/68.

[8] *Tomašov, N. D., G. K. Berukštis,* Eine Methode zur Bestimmung der Geschwindigkeit von Korrosionsvorgängen unter dünnen Elektrolytfilmen, Tr. Inst. Fiz. Chim. AN SSSR *7* (1959) 5, 5–10.

[9] *Baumann, K.*, Beanspruchungsarten als Grundlage für die Korrosionsschutz-Auswahl, IfL-Mitt. (1959) 4.

[10] *Klark, G. B.*, JFChAN Moskau, persönl. Mitt.

[11] *Dearden, J.*, Einflüsse des Klimas auf die Korrosion von Stahl, J. Iron Steel Inst. Juli 1948, 241–246.

[12] *Hudson, J. C.*, Einige Betrachtungen über die Wirkung des Klimas auf die atmosphärische Korrosion, Werkstoffe und Korrosion *15* (1964), 363–370.

Anschrift: Dr. G. Woelker, Zentralstelle für Korrosionsschutz, 820 Dresden, Geinitzstr. 10

551.510.42
551.551.8

Rechnerische Kartierung langfristiger SO_2-Immissionen unter Beachtung windklimatologischer und biologischer Bedingungen

Von G. Flemming

Mit 2 Abbildungen

Zusammenfassung: Zur Berechnung langfristiger Rauchgasimmissionen dient eine modifizierte Form der *Sutton*-Formel, in der die Windrichtungshäufigkeit vorkommt. Mehrere Einzelimmissionsfelder lassen sich leicht zu einer Gesamtimmissionskarte addieren. Die unterschiedliche Windgeschwindigkeit der Windrichtungen und die höhere Turbulenz von nördlichen Winden werden berücksichtigt. Wegen der Einbeziehung der immissionsfreien Zeiträume in die Mittelung sind die Langfristwerte wesentlich niedriger als die sonst üblichen Kurzzeitwerte. Für biologische Zwecke wird eine Immissionskennziffer in Form eines Produkts aus der Konzentration und der Wurzel aus der Immissionsdauer vorgeschlagen. Der Quotient Windrichtungshäufigkeit/Windgeschwindigkeit ist zur Ermittlung günstiger und ungünstiger Richtungsorientierungen bei Immissionsproblemen geeignet. Entsprechendes klimatologisches Material wird vorgelegt. Das Rechenverfahren ermöglicht die Aufteilung der Gesamtimmission auf die einzelnen Rauchquellen. Als Beispiele werden kurz einige besonders wichtige Ergebnisse von Kartierungen betrachtet (Bitterfelder Industriegebiet, Bezirk Cottbus, gesamte DDR).

Summary: A modified version of the *Sutton* formula, which includes wind direction frequencies, is used to calculate long-term smoke gas immission. Several immission fields can easily be combined into one integrated immission chart. The various wind speeds at the various wind directions and the increased turbulence of the northern winds are taken into account. Owing to the inclusion of the immission-free periods into the averaging, the long-term values are remarkably lower than the usual short-term values. For biological purposes the suggestion is made to use an immission index resulting from the product of the concentration and the root of the immission duration. The wind direction frequency per wind speed ratio is a suitable means for the determination of favourable and unfavourable directions in solving immission problems. The study contains the relevant climatological data. The calculating method reveals the distribution of the total immission to the individual smoke sources. Some selected cases are to illustrate a few particularly significant map surveys (Bitterfeld industrial area; Cottbus District; GDR total survey).

1. Problemstellung

Die vorliegende Arbeit setzt sich nicht zum Ziel, die Theorie der Rauchausbreitung zu erweitern. Vielmehr geht es um die Anwendung dieser Theorie, d. h. um einen Brückenschlag zwischen der Rauchausbreitungstheorie einerseits und den praktischen Anforderungen andererseits, die von den biologischen Fachrichtungen sowie von der Hygiene und Territorialplanung gestellt werden. Es handelt sich ferner bei der Anwendung der Theorie nicht um den technometeorologischen Aspekt der Ermittlung von Schornsteinmindesthöhen, sondern um den biometeorologisch-hygienischen Aspekt der Kartierung von langfristigen Immissionen. Als Hilfsmittel bei der Lösung der gestellten Aufgabe dient klimatologisches Material, das für Windrichtung und Windgeschwindigkeit zur Verfügung steht. Es soll vor allem gezeigt werden, daß mit einem relativ geringen rechentechnischen Aufwand praktisch wertvolle Ergebnisse erzielt werden können. Der vorliegende Bericht stellt eine Zusammenfasssung mehrerer bereits erschienener Veröffentlichungen dar, insbesondere einer ausführlicheren methodischen Darstellung (*Flemming* 1967a).

2. Grundformel

Verwendet wurde die *Sutton*-Formel in einer von *Holland* 1953 modifizierten Form (vgl. hierzu auch *Strom* 1962), die sich für Kartierungszwecke besonders eignet. Diese Modifikation wurde u. a. von *Meade/Pasquill* 1958, *Flemming* 1964a, *Clarke* 1964 benutzt bzw. methodisch verbessert. Ihr Grundgedanke ist die Abschätzung mittlerer Konzentrationen für lange Zeiträume rings um die Emissionsquelle, wobei alle Windrichtungen entsprechend ihrer Häufigkeit einbezogen werden. Dabei wird zunächst die mittlere Konzentration für einen Kreissektor berechnet, der jeweils einer Windrichtung (16. Teil des Kreisumfanges) zugeordnet ist. Diese Konzentration wird dann mit der zugehörigen relativen Windrichtungshäufigkeit multipliziert. Auf diese Weise erstreckt sich für einen bestimmten Punkt der Mittelungszeitraum auch über das Vorkommen der anderen Windrichtungen, d. h. über die Fälle ohne Rauchgaszufuhr. So erhält man die im eigentlichen Sinn „klimatologische", d. h. Langfristkonzentration K_l.

Die Endformel lautet

(1) $$K_l = \frac{16 \cdot 10^4 \cdot f_R Q}{\pi \sqrt{\pi}\, u\, C_z\, x^{2-\frac{n}{2}}} \exp\left[-\frac{H^2}{C_z^2 x^{2-n}}\right]$$

K_l	mg m^{-3}	mittlere Langfristkonzentration im Kreissektor (bei insgesamt 16 Kreissektoren)
Q	kg s^{-1}	SO_2-Emission

f_R	%	Windrichtungshäufigkeit bzw. relative Immissionsdauer
u	ms^{-1}	mittlere Windgeschwindigkeit
C_z	$m^{\frac{n}{2}}$	vertikaler Turbulenzparameter
x	m	Lagekoordinate in Windrichtung
n	—	Stabilitätsparameter
H	m	effektive Schornsteinhöhe

Differenziert man (1) nach x, so kann man den Abstand der Maximalimmission von der Rauchquelle bestimmen:

(2) $$x_{l,\max} = \left(\frac{2-n}{2-\frac{n}{2}} \cdot \frac{H^2}{C_z^2}\right)^{\frac{1}{2-n}}.$$

Die zugehörige langfristige Maximalkonzentration beträgt

(3) $$K_{l,\max} = \frac{16\ 10^4 \cdot f_R Q}{\pi \sqrt{\pi}\, u\, C_z} \exp\left[-\frac{2-\frac{n}{2}}{2-n}\left(1 + \ln \frac{(2-n)\, H^2}{\left(2-\frac{n}{2}\right) C_z^2}\right)\right].$$

Die Vorteile der Formel (1) bestehen darin, daß wegen des Fehlens der Längenkoordinate quer zur Windrichtung der Rechenaufwand viel geringer ist als bei den üblichen Kurzfristformeln und daß infolge der schwachen Horizontalgradienten des Langfrist-Immissionsfeldes mehrere Schornsteine eines Emittenten leicht zu einer fiktiven Gesamtquelle zusammengefaßt werden können.

Eine prinzipielle Problematik des Verfahrens liegt darin, daß von Mittelwerten der einzelnen Eingangsgrößen auf den Mittelwert der Ergebnisse geschlossen wird. Strenggenommen ist dies nicht zulässig. Andererseits ist die Praxis angesichts der teilweise bedrohlichen Situation auf schnelle Information angewiesen. Genauere Berechnungen mit entsprechend größerem Aufwand können im Bedarfsfalle nachgeholt werden.

Es muß mit größter Deutlichkeit betont werden, daß die nach dem beschriebenen Verfahren ermittelten Langfristwerte nicht mit den üblichen Kurzzeitwerten auf einer Stufe stehen. Man darf die Langfristwerte weder mit Kurzfrist-MIK-Werten vergleichen noch die Langfristwerte als Vorbelastungen für berechnete Kurzfristwerte auffassen. Die langfristigen Immissionsmaxima von Einzelquellen betragen etwa den 20. bis 25. Teil der mit der gewöhnlichen *Sutton*-Formel ermittelten Kurzfristwerte. Die geringe Höhe der Langfristwerte erklärt sich daraus, daß die Zeiträume ohne Rauchgaszufuhr in die Mittelung einbezogen sind. Ganz ähnliche Verhältnisse liegen übrigens bei Mittelwerten der Schneedecke und der Sonnenscheindauer vor. Mittelwerte, die unter Bezug auf die Zahl der Tage mit Schneedecke oder Sonnenschein berechnet werden, sind größer als solche, die sich auf den Gesamtzeitraum beziehen.

Der Hauptwert des Verfahrens besteht darin, daß sich Einzelfelder mehrerer räumlich getrennter Quellen ohne weiteres rechnerisch oder graphisch zu einer Immissionskarte addieren lassen. Selbstverständlich sind die Lagebeziehungen der Einzelquellen dabei zu beachten. Umgekehrt kann man im Bedarfsfalle leicht den Immissionsanteil verschiedener Emittenten voneinander trennen. Gerade die letztgenannte Anwendungs-

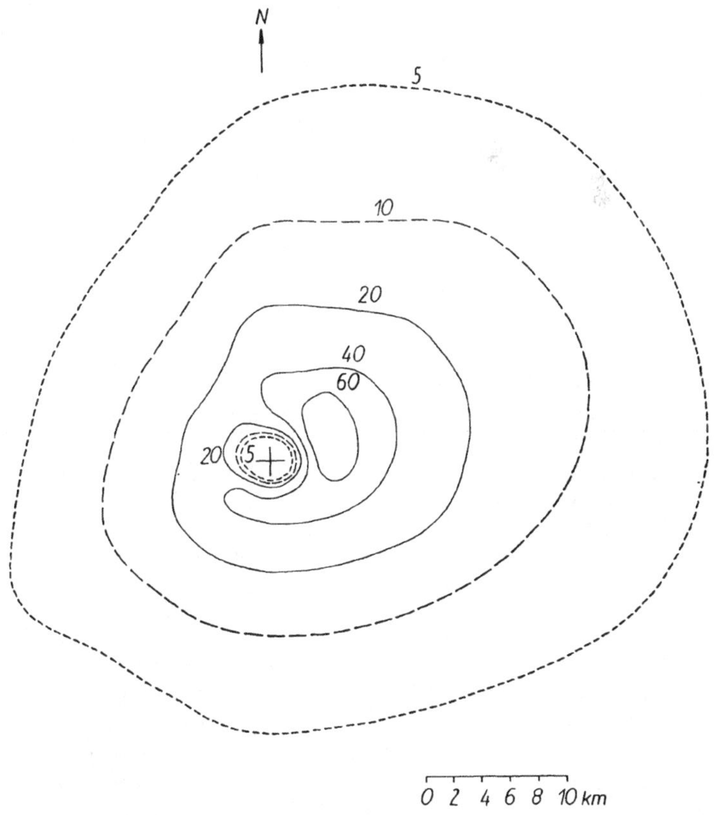

Abb. 1. Langfristige Immissionsverteilung ($\mu g\ m^{-3}$) um eine Rauchquelle von 160 m effektiver Höhe und 2,9 kg/s Schadgasemission

möglichkeit des Rechenverfahrens ist praktisch besonders wichtig (z. B. bei Schadenersatzfragen) und wird bereits seit Jahren ausgenutzt.

Als Ausgangspunkt wurde die *Sutton*-Formel derjenigen von *Bosanquet-Pearson* vorgezogen, weil letztere die räumlichen Beziehungen des Immissionsfeldes weniger gut wiedergibt, insbesondere den Abstand des Immissionsmaximus von der Rauchquelle als zu klein vortäuscht. Das zeigen vielerorts durchgeführte Vergleiche zwischen Rechnung und Messung. Für die Kartierung ist aber gerade eine zutreffende Geometrie des Immissionsfeldes die wichtigste Forderung.

Als Beispiel zeigt Abb. 1 das Immissionsfeld eines der im Fall Dübener Heide betrachteten Emittenten. Die effektive Schornsteinhöhe beträgt 160 m, der SO_2-Ausstoß 2,9 kg/s. Das Immissionsmaximum befindet sich – entsprechend der Hauptwindrichtung SW bis W – 3 bis 4 km ostnordöstlich der Rauchquelle und beträgt etwa 70 μg m^{-3}. Ein Ausläufer des Maximums liegt südlich der Rauchquelle. Er rührt von der kräftigen Turbulenz der Nordwinde her, die Rauchgase schnell zur Erdoberfläche transportiert.

3. Einzelparameter

Für u und f_R stehen – zumindest im ebenen oder leicht gewellten Gelände – meist ausreichende Daten zur Verfügung, wobei nach Möglichkeit für jede Windrichtung das zugehörige u_R zu verwenden ist. Dagegen ist die Situation bei C_z und n ungünstiger, insbesondere hinsichtlich der Richtungsabhängigkeit.

Für n wurde der oft benutzte Wert von 0,25 übernommen. Für C_z schwanken die Angaben der einzelnen Autoren noch mehr als für n. Eine Gegenüberstellung der für Wunstorf von *Trappenberg* 1959 ermittelten C_z-Werte mit der Windrichtung ergab, daß Winde aus dem Nordsektor (NW-NE) ein etwa 25 bis 45% höheres C_z aufweisen als die anderen Windrichtungen. Unterschiede zwischen Ost- und Westsektor sind vorläufig als zu wenig fundiert anzusehen. Festgesetzt wurde nach vergleichenden Literaturstudien für Winde aus dem Nordsektor $C_z = 0{,}133$ $m^{n/2}$, für alle übrigen Winde $C_z = 0{,}100$ $m^{n/2}$.

Die höheren C_z-Werte der nördlichen Winde bewirken bei sonst gleichen Verhältnissen eine Verminderung des Abstandes der Maximalkonzentration von der Quelle, gleichzeitig für den Nahbereich ein Ansteigen, für den Fernbereich ein Absinken der berechneten Konzentration. C_z steigt bei sinkender Windgeschwindigkeit und abnehmender thermischer Stabilität. Die höhere Geschwindigkeit der Westwinde und die höhere Stabilität der Ostwinde bedingen für beide Richtungen ein annähernd gleiches C_z.

Die genannten Werte von n und C_z wurden teilweise schon im Jahre 1962 festgelegt, wobei natürlich nur der damalige Stand der Literatur berücksichtigt werden konnte. Inzwischen liegen verschiedene Neubestimmungen dieser Parameter vor (vgl. z. B. *Klug* 1964, *Kühme* 1966, *Singer/Smith* 1966). Dennoch ist vom Gesichtspunkt der Anwendung her vor zu häufiger Änderung einmal benutzter Parameter zu warnen. Denn für die praktische Anwendung ist die Vergleichbarkeit der einzelnen Rechnungen untereinander u. U. wichtiger als eine Verbesserung der absoluten Genauigkeit. Selbstverständlich muß man sich von Zeit zu Zeit den neueren Erkenntnissen wieder anpassen.

Im allgemeinen ist hohes n mit niedrigem C_z gekoppelt und umgekehrt. Jedoch gibt es auch Ausnahmen. In Ostsachsen tritt im Winter oft eine südöstliche Düsenströmung zwischen den Bergkämmen und tiefgelegenen Inversionen auf (*Warmbt* 1952). Diese Düsenströmung ist bei stabiler Schichtung sehr böig, es muß also sowohl mit hohem n als auch mit hohem C_z gerechnet werden.

Für die Ermittlung der effektiven Schornsteinhöhe wurde die Formel von *Stümke* 1963 (nomographiert von *Häuser* 1964) benutzt.

4. Biologische Immissionskennziffern

Die berechneten Immissionsverteilungen sollen mit den beobachteten biologischen Schäden (z. B. Waldrauchschäden) verglichen werden. In den hier betrachteten Fällen handelt es sich stets um Schwefeldioxid. Man kann erwarten, daß die Immissionsfelder nicht vollständig mit den Schadenskartierungen übereinstimmen werden. Das hat folgende Gründe:

1. Die Immissionsberechnung besitzt selbst nur den Charakter einer Annäherung.
2. Die Immission ändert sich proportional zur Emission. Letztere schwankt von Jahr zu Jahr, indem neue Schornsteine und ganze Emissionszentren neu gebaut und dafür alte Anlagen verändert oder stillgelegt werden. Das biologische Schadensbild ist demgegenüber oft (z. B. beim Wald) als Summenwirkung über viele Jahre aufzufassen.
3. Außer dem Schwefeldioxid tragen auch andere Giftgase sowie Staub (z. B. auf dem Wege der Veränderung der Wasserstoffionenkonzentration im Boden) zur Rauchschädigung bei.
4. Die Schädigung hängt nicht nur von der Immission, sondern auch von physiologischen Einflüssen ab. Verschiedene Faktoren können die Anfälligkeit gegenüber Rauchschäden steigern oder senken.
5. Es besteht von vornherein kein Anlaß zu der Annahme, daß der langfristige Mittelwert die beste Möglichkeit eines Vergleichsparameters zur Schädigung darstellt.

Hinsichtlich des letztgenannten Punktes wäre es am günstigsten, nicht Mittelwerte, sondern Häufigkeitsverteilungen zu kartieren. Dadurch wird aber das Problem viel komplizierter. Deswegen ist immer wieder versucht worden, mit einem einzigen Immissionsparameter auszukommen, wenn man Immission und Schädigung vergleicht. Es wurde deshalb eine biologische Kennziffer für die Beurteilung der Immission vorgeschlagen, die vielleicht besser geeignet ist als der Mittelwert (*Flemming* 1967a).

Wiederholt ist nachgewiesen worden (siehe z. B. *Stratmann* 1961), daß höhere Konzentrationen sich nachteiliger auswirken als im gleichen Verhältnis verlängerte Immissionszeiten. Während in die bisher betrachteten Langfristmittelwerte die Konzentration (bezogen auf den zur Rauchfahne gehörigen Kreissektor) und die Dauer mit dem gleichen Gewicht eingehen, muß jetzt der Einfluß der Dauer relativ zu dem der Konzentration zurückgedrängt werden. Das leistet am einfachsten ein Produkt aus der Konzentration und der Wurzel aus der Dauer. An Stelle der relativen Immissionsdauer f_R ist in (1) also $\sqrt{f_R}$ einzusetzen. Demnach gilt für die biologische Langfristimmissionskennziffer B_l die Beziehung

(4) $$B_l = \frac{K_l}{\sqrt{f_R}}.$$

Abb. 2 zeigt die Verteilung der biologischen Immissionskennziffer B_l für die gleiche Quelle, die in Abb. 1 für die Darstellung der Immissionsmittelwerte benutzt wurde. Die Zahlen selbst haben Relativwertcharakter. Die Verteilung der biologischen Kennziffer B_l ist räumlich ausgeglichener als die von K_l. Die unterschiedliche Häufigkeit der Windrichtungen setzt sich im Ergebnis etwas weniger durch. Der südliche und der östliche Sektor weisen die ungünstigsten Verhältnisse auf.

Selbstverständlich ist es möglich, noch andere und aus mehr Eingangsgrößen abgeleitete Kennziffern zu definieren (z. B. *Stratmann* 1963). Jedoch bringt steigender Aufwand nicht immer steigenden Gewinn. Die notwendigen Vergleiche der berechneten Langfristkennziffern mit den Schäden sind leider nicht einfach, weil letztere ebenfalls langfristig und großräumig sein müssen. Diese vergleichende Überprüfung muß von den biologischen Fachrichtungen durchgeführt werden.

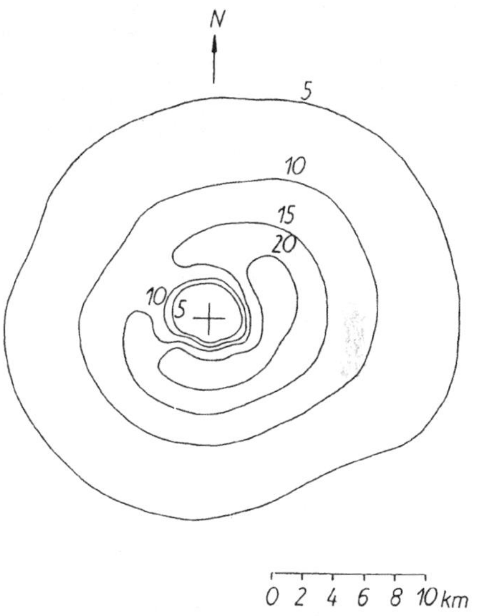

Abb. 2. Verteilung der biologischen Langfrist-Immissionskennziffer um dieselbe Rauchquelle wie in Abb. 1

5. Windquotienten

Auf den Windeinfluß bei der Rauchausbreitung wird im folgenden nochmals etwas spezieller eingegangen. Dieser Einfluß ist in Formel (1) durch den Bestandteil f_R/u bzw. f_R/u_R ausgedrückt. Der Quotient f_R/u_R soll als „absoluter Windquotient" bezeichnet werden. Die Windgeschwindigkeit u hängt aber nicht nur von der Windrichtung, sondern auch von der Höhe ab. Bei Vergleichen an verschieden hohen Schornsteinen wirkt diese Höhenabhängigkeit störend. Außerdem hat u in den verschiedenen Ausbreitungsformeln etwas unterschiedliche Bedeutung. Für klimatologische Zwecke ist es deshalb sinnvoll, die Windgeschwindigkeit u_R für jede Richtung als das Produkt aus der Windgeschwindigkeit im klimatologischen (d. h. langfristigen) Mittel über alle Richtungen und der darauf bezogenen Relativgeschwindigkeit für jede Richtung (f_v) aufzufassen. Es gilt also:

(5) $$u_R = v \cdot f_v \quad \text{bzw.} \quad f_v = \frac{u_R}{v}.$$

Der Windeinfluß wird jetzt von $f_R/v f_v$ dargestellt. Solange v konstant ist, genügt es nur $f_A = f_R/f_v$ zu betrachten. Diese Voraussetzung gilt einmal für einen festen Standort, zum anderen in genügender Annäherung für ziemlich große Flachlandräume. So ist z. B. $v = 4$ m/s (gemessen in der üblichen Anemometerhöhe) für weite Teile der norddeutschen Tiefebene und der südlich angrenzenden Gebiete repräsentativ (*Manig* 1952). Das Verhältnis $f_A = f_R/f_v$ soll „relativer Windquotient" genannt werden. Die Immissionssituation ist für eine bestimmte Windrichtung um so ungünstiger, je größer die Richtungshäufigkeit f_R und je kleiner die zugehörige Relativgeschwindigkeit f_v ist. Vergleicht man dagegen Stationen oder Standorte mit sehr unterschiedlichem v-Wert, so ist der absolute Windquotient vorzuziehen. Mit Hilfe der Windquotienten läßt sich die günstigste bzw. ungünstigste Richtung einer Rauchquelle in bezug auf Siedlungs- oder Waldgebiete o. ä. ermitteln.

Setzt man wie bei der im vorigen Abschnitt eingeführten biologischen Immissionskennziffer $\sqrt{f_R}$ statt f_R, so kommt man zum „absoluten biologischen Windquotienten" $\sqrt{f_R}/u_R$ und zum „relativen biologischen Windquotienten" $f_B = \sqrt{f_R}/f_v$.

Bei der Berechnung der Windquotienten muß man beachten, daß die vorhandenen klimatologischen Windverteilungen sehr oft stark lokal gestört sind. Nur selten gibt es wirklich für einen größeren Raum repräsentative Windbeobachtungsstationen. Es ist empfehlenswert, die Angaben mehrerer Stationen zu mitteln. Die benötigten, nach 16 Richtungen aufgegliederten Statistiken verlangen besondere Kritik, weil vom Beobachter oft die Hauptrichtungen auf Kosten der Nebenrichtungen überschätzt werden.

Für das Gebiet der DDR wurden für 15 Stationen (10jährige Mittelwerte 1951 bis 1960) f_R und f_v berechnet. Das Material wurde zum größten Teil vom Meteorologischen Dienst der DDR zur Verfügung gestellt, wofür auch an dieser Stelle gedankt sei. Für Sachsen liegen außerdem langjährige Bearbeitungen von 6 Stationen vor (*Pleiss* 1951). Am wenigsten Material ist für den Thüringer Raum vorhanden. Hier sind die SW-Winde relativ häufiger als in Sachsen mit seinen zahlreicheren SE-Winden. Für praktische Zwecke genügt jedoch eine Zweiteilung des betrachteten Gebiets. Die Grenze zwischen den Teilgebieten entspricht etwa dem 52. Breitengrad. Der Hauptunterschied zwischen beiden Bereichen besteht darin, daß im nördlichen Teilgebiet die Winde des SE-Sektors im Vergleich zu denen des SW-Sektors häufiger sind als im südlichen Teilgebiet. Es wurde nicht kritiklos über alle ausgewählten Stationen gemittelt, sondern in jeder Richtungsgruppe der größte und der kleinste Wert weggelassen. Außerdem wurden einige offensichtlich fehlerhafte oder unrepräsentative Werte gestrichen. Ganz ohne Subjektivität ist das allerdings nicht möglich. Mittlere Jahreswerte enthält Tabelle 1. Die Indizes N und S beziehen sich auf das nördliche und südliche Teilgebiet.

Tabelle 1. *Relative Windquotienten f_A und relative biologische Windquotienten f_B für den Norden (N) und Süden (S) der DDR im Jahresmittel*

	N	NNE	NE	ENE	E	ESE	SE	SSE
f_{AN}	4,3	4,4	4,5	4,2	5,4	5,8	5,7	5,3
f_{AS}	4,5	4,6	4,3	3,9	3,4	2,9	3,7	3,7
f_{BN}	2,1	2,2	2,2	2,1	2,4	2,5	2,5	2,4
f_{BS}	2,4	2,5	2,3	2,2	2,2	2,0	2,1	2,2
	S	**SSW**	**SW**	**WSW**	**W**	**WNW**	**NW**	**NNW**
f_{AN}	6,4	7,3	9,0	9,5	9,5	7,0	5,4	3,8
f_{AS}	6,3	7,2	10,0	11,5	10,0	7,8	6,3	5,2
f_{BN}	2,6	2,8	2,9	3,0	3,0	2,5	2,3	2,0
f_{BS}	2,4	2,7	3,1	3,4	3,1	2,8	2,6	2,4

Die größten Windquotienten liegen im Bereich W bis SW. Die kleinsten ergeben sich für das Nordgebiet im Sektor NNW bis ENE, für das Südgebiet im Sektor E bis SE. Die ungünstigste Windrichtung hat im Jahresmittel für das Nordgebiet reichlich doppelt so große f_A-Werte wie die günstigste, für das Südgebiet fast die vierfachen Werte. Die biologischen Windquotienten f_B schwanken dagegen zwischen den Windrichtungen nur um den Faktor 1,5 bis 1,9.

Tabelle 2. *Relative Windquotienten f_A und relative biologische Windquotienten f_B für Leipzig in den vier Jahreszeiten*

	N	NNE	NE	ENE	E	ESE	SE	SSE
f_A								
Frühling	7,0	6,2	5,8	6,1	3,9	3,0	3,4	2,6
Sommer	4,7	3,4	3,8	3,8	2,6	2,3	3,2	2,4
Herbst	4,3	3,8	4,4	4,8	3,3	2,3	4,0	4,2
Winter	4,9	5,5	4,3	4,6	2,9	2,8	3,4	4,0
f_B								
Frühling	2,7	2,4	2,2	2,2	2,0	1,8	1,9	1,8
Sommer	2,1	1,7	1,9	1,8	1,6	1,7	2,0	1,8
Herbst	2,1	1,9	2,0	2,1	1,9	1,7	2,2	2,3
Winter	1,9	2,2	1,9	2,0	1,8	1,8	2,1	2,4
	S	**SSW**	**SW**	**WSW**	**W**	**WNW**	**NW**	**NNW**
f_A								
Frühling	2,7	5,6	8,9	10,0	12,2	7,8	7,1	9,4
Sommer	3,1	4,2	9,5	12,8	16,8	10,3	7,9	9,1
Herbst	4,2	8,5	13,8	13,9	12,5	6,1	5,4	5,0
Winter	3,7	10,9	14,2	14,1	10,7	6,0	4,7	5,1
f_B								
Frühling	1,7	2,4	3,1	3,2	3,7	3,1	2,8	3,2
Sommer	2,0	2,3	3,0	3,4	4,2	3,3	2,8	3,0
Herbst	2,2	2,8	3,6	3,6	3,6	2,5	2,5	2,3
Winter	1,9	3,0	3,7	3,7	3,5	2,5	2,4	2,4

Beschränkt man sich auf die Vegetationsperiode bzw. vorzugsweise auf die Wirkung von Immissionen auf Pflanzen, so sinken die Werte im Sektor E bis SE noch weiter ab und werden auch im Nordgebiet zum Minimum. Im NW-Sektor steigen die Werte allgemein um etwa 30 bis 50% an.

Betrachtet man dagegen den Winter mit seinen vor allem für den Menschen schädlichen hohen Luftverunreinigungen, so sinkt der Windquotient für die nördlichen Richtungen um etwa 15 bis 25% ab. Im Südgebiet ist jetzt der NE-Sektor von NNW bis ESE der günstigste.

Es ist nochmals zu betonen, daß lokale Windanomalien in den besprochenen Zahlen nicht erfaßt sind. Die relativ häufigen SE-Winde des ostsächsischen Raumes beispielsweise müßten bei einer Spezialuntersuchung für dieses Gebiet besonders berücksichtigt werden.

Eine jahreszeitliche Aufspaltung der Windquotienten für die Station Leipzig bringt Tabelle 2.

Vergleicht man die einzelnen Jahreszeiten miteinander, so findet man – in bewußter Vereinfachung ausgedrückt – folgende Relationen: Hohe Werte zeigt im Frühling der NE-Sektor, im Sommer der NW-Sektor, im Herbst der SE-Sektor, im Winter der SW-Sektor. Die niedrigen (günstigen) Werte liegen im Frühling und Herbst ungefähr entgegengesetzt hierzu, im Sommer bei allen Richtungen mit Ostkomponente, im Winter bei W- bis NW-Winden.

6. Ergebnisse

Im Laufe der letzten 10 Jahre entstand eine große Zahl von SO_2-Kartierungsbeispielen, und zwar ebenso für Einzelquellen wie für Summenfelder mehrerer Emittenten. Zahlreiche wichtige Industriegebiete der DDR wurden untersucht, wobei allerdings die Fragestellung und dementsprechend auch die Bearbeitung für die einzelnen Beispiele etwas unterschiedlich war. Anfangs wurden die Rechenarbeiten mit herkömmlichen Hilfsmitteln durchgeführt, später vom Rechenzentrum der Technischen Universität Dresden übernommen. Die rechentechnische Betreuung lag in den Händen von Frau Dipl.-Math. *Dittmann* und Herrn Dr. *Schwaar*.

Eng zusammengearbeitet wurde mit dem Bereich (bzw. früheren Institut für) Pflanzenchemie der Sektion (bzw. ehemalige Fakultät für) Forstwirtschaft (Prof. Dr. *Dässler*). Insbesondere durch Herrn Dr. *Lux* wurden die Immissionsberechnungen zur Bewertung von Rauchschäden im Wald verwendet und entsprechend den berechneten Immissionsanteilen die zugehörigen Schadensanteile den jeweils beteiligten Emittenten zugeordnet, außerdem in vielen Fällen die Emissionsdaten aufbereitet.

Eine Besprechung sämtlicher Ergebnisse ist im Rahmen einer Überschau naturgemäß nicht möglich. Die wichtigsten Kartierungen sollen jedoch kurz erwähnt werden. Gleichzeitig wird auf die entsprechenden Einzelveröffentlichungen hingewiesen. Die Ergebnisse anderer Beispiele sind in unveröffentlichten Gutachten niedergelegt. Angemerkt sei noch, daß außer den eigentlichen Kartierungen einige weitere Studien zur Rauchausbreitungsproblematik entstanden (*Flemming* 1964b, 1966, 1967b).

6.1. Bitterfelder Industriegebiet bzw. forstliches Rauchschadengebiet Dübener Heide

Als erstes Beispiel wurde 1963 die SO_2-Konzentration im Bereich des Bitterfelder Industriegebiets bzw. des forstlichen Rauchschadengebiets Dübener Heide kartiert (*Flemming* 1964a), wobei 10 Großemittenten zu berücksichtigen waren. In diesem Falle wurden durch Variation der effektiven Schornsteinhöhe auch die Geländehöhendifferenzen einbezogen. Die Langfristimmissionswerte überschritten (für die damalige Emissionssituation) 0,25 mg m^{-3}.

Entsprechend den starken Immissionen nahmen die Waldschäden in der Dübener Heide katastrophales Maß an und erreichten Millionenbeträge. Eine Kartierung der Schäden findet man bei *Lux* 1965. Die Übereinstimmung zur Immissionskarte kann als gut bezeichnet werden. Eine absolute Übereinstimmung ist selbstverständlich aus den im Abschnitt 4 angegebenen Gründen nicht möglich. Die ersten Schäden treten bei etwa 0,03 mg m^{-3} langfristigem SO_2-Gehalt auf. Die Zuordnung von Immissionsschwellenwerten zu bestimmten Schadensstufen ist bei starken Schäden sicherer und eindeutiger möglich als bei schwächeren Schäden.

6.2. Bezirk Cottbus

Das Industriegebiet im Bezirk Cottbus unterscheidet sich vom Bitterfelder Industriegebiet durch seine schwefelärmere Braunkohle und durch das infolge des Baus neuer Großemittenten viel stärkere zeitliche Anwachsen der Emissionen. Aus dem letztgenannten Grund sind prognostische Aufgaben hier besonders interessant. Bei Vorhandensein exakter Emissionsprognosen erlaubt das Rechenverfahren ohne weiteres mit dem Gegenwartszustand gut vergleichbare Immissionsprognosen.

Zuerst wurde der südliche Teil des Bezirks Cottbus für das Stichjahr 1964 kartiert (*Flemming* 1965). Etwa 20 Emittenten wurden berücksichtigt. Als Langfrist-Höchstwert ergaben sich 0,07 mg m^{-3}. Dem entsprechen nur leichtere Rauchschäden im Wald.

Bei der anschließenden Bearbeitung des nördlichen Bezirksteils handelte es sich um drei Großkraftwerke, die z. T. noch im Bau waren. Das Ergebnis der Immissionsprognose und der darauf aufbauenden forstlichen Schadensprognose ist ebenfalls bereits veröffentlicht (*Lux/Flemming* 1966).

Um der Errichtung bzw. Projektierung immer neuer Emittenten Rechnung zu tragen, wurde der gesamte Bezirk Cottbus neu kartiert, und zwar einmal für den Stand von 1967 und als Prognose für den Stand von 1975. Das Ergebnis der Immissionsberechnung ist zusammen mit entsprechenden Schlußfolgerungen ebenfalls veröffentlicht (*Flemming/Lux* 1971). Während im Jahre 1967 langfristige Mittelwerte von 0,12 mg m^{-3} auftraten, werden 1975 0,15 bis 0,20 mg m^{-3} erreicht. Es muß also mit einer Verschlechterung der Immissionssituation gerechnet werden, wenn nicht durch energische Maßnahmen Abhilfe geschaffen wird.

6.3. Gesamtterritorium der DDR

Als umfangreichste Immissionsberechnung wurde eine Kartierung der gesamten DDR für das Stichjahr 1965/67 angefertigt (*Flemming* 1970). Das Material für die etwa 900 benutzten Emittenten wurde vom Bereich Pflanzenchemie der Sektion Forstwirtschaft gesammelt und aufbereitet. Es entstanden eine DDR-Immissionskarte im Maßstab 1:1000000 sowie 11 Bereichskarten im Maßstab 1:200000. Eine analoge Kartierung wurde für die biologische Langfrist-Immissionskennziffer durchgeführt. Die Karten erlauben einen guten Überblick über die Luftgüte-Situation in der DDR. Die Ergebnisse sollen gesondert veröffentlicht werden.

Literatur

Clarke, J. F., A simple diffusion model for calculating point concentrations from multiple sources, J. Air. Poll. Control. Assoc. *14* (1964), 347–352

Flemming, G., Rechnerische Kartierung von Schwefeldioxyd-Relativwerten im Rauchschadengebiet Dübener Heide, Angew. Met. *5* (1964a), 44–49

Flemming, G., Meteorologische Überlegungen zum forstlichen Rauchschadengebiet am Erzgebirgskamm, Wiss. Z. Techn. Univ. Dresden 13 (1964b), 1531–1538

Flemming, G., Rechnerische Kartierung von Schwefeldioxyd-Relativwerten im Industriegebiet Niederlausitz, Angew. Met. *5* (1965), 137–140

Flemming, G., Wind, Richtungsböigkeit und Rauchausbreitung in Tal- und Hochflächenlage, Z. Meteor. *18* (1966), 330–352

Flemming, G., Rechnerische Kartierung langfristiger Rauchgasimmissionen unter Berücksichtigung windklimatologischer, orographischer und biologischer Faktoren, Wiss. Z. Techn. Univ. Dresden 16 (1967a), 1603–1608

Flemming, G., In welchem Fall können Waldstreifen die Rauchgaskonzentration vermindern? Luft- und Kältetechnik 3 (1967b), 255–258

Flemming, G., Rechnerische Kartierung von langfristigen SO_2-Mittelwerten für das Territorium der DDR (unveröffentlicht), Techn. Univ. Dresden 1970 (Veröffentlichung zusammen mit Emmissionsbearbeitungen von *Lux* in „Z. ges. Hygiene u. ihre Grenzg." vorgesehen)

Flemming, G., und *H. Lux*, Kartierung und Bewertung der SO_2-Immissionen im Bezirk Cottbus für die Jahre 1967 und 1975, Z. ges. Hygiene u. ihre Grenzg. 17 (1971), 107–112

Holland, J. Z., A meteorological survey of the Oak Ridge area. AEC – Rep. Oro 99, Atomic Energy Commission, Washington (1953)

Häuser, W., Ein Nomogramm zur Bestimmung von Schornsteinüberhöhungen, Staub *24* (1964), 265–266

Klug, W., Meteorologische Einflußgrößen in der Ausbreitungsrechnung, Staub *24* (1964), 396–400

Kühme, H., Untersuchungen über die SO_2-Verteilung in der Umgebung einer punktförmigen Quelle, Staub - Reinhaltung der Luft *26* (1966), 110–113

Lux, H., Die großräumige Abgrenzung von Rauchschadenszonen im Einflußbereich des Industriegebietes um Bitterfeld, Wiss. Z. Techn. Univ. Dresden *14* (1965), 433–442

Lux, H., und *G. Flemming*, Über die prognostische Ermittlung der durch geplante Kraftwerke zu erwartenden Waldrauchschäden, Arch. Forstw. *15* (1966), 1033–1040

Manig, M., Karte der Windgeschwindigkeit für das westliche Deutschland, Ber. Dt. Wetterd. US-Zone Nr. *34* (1952)

Meade, P. J., und *F. Pasquill*, A study of the average distribution of pollution around Staythorpe, Int. J. Air Poll. *1* (1958), 60–70

Pleiß, H., Die Windverhältnisse in Sachsen, Abh. Met. Dienst DDR Nr. *6* (1951)

Singer, J. A., und *M. E. Smith*, Atmospheric dispersion at Brookhaven National Laboratory, Air Water Poll. *10* (1966), 124 – 135

Stratmann, H., Die Anwendung der Luftanalyse zur Beurteilung von Schwefeldioxydeinwirkungen auf die Vegetation, Staub *21* (1961), 61–64

Stratmann, H., Freilandversuche zur Ermittlung von Schwefeldioxydwirkungen auf die Vegetation. II. Teil: Messung und Bewertung der SO_2-Immissionen, Forschungsber. Nordrhein-Westfalen Nr. 1184 (1963)

Strom, H. G., Atmospheric dispersion of stack effluents in: Stern, A. (Hersg.), Air Pollution Vol. I (1962), New York/London

Stümke, H., Vorschlag einer empirischen Formel für die Schornsteinüberhöhung, Staub *23* (1963), 549–556

Trappenberg, R., Ein Beitrag zu den Windverhältnissen in den ersten 100 m der Atmosphäre, Ber. Deutsch. Wetterd. Nr. *57* (1959)

Warmbt, W., Meteoropathologische Beobachtungen in Dresden bei Südsüdostwinden, Angew. Met. *1* (1952), 244–255

Anschrift: Dr. habil. Günther Flemming, Technische Universität Dresden, Sektion Wasserwesen, Bereich Hydrologie und Meteorologie, Lehrgebiet Meteorologie, 8027 Dresden, George-Bähr-Str. 1

551.577.21

Die globale Verteilung der höchsten Tagesmengen des Niederschlages

Von S. Marx

Mit 1 Abbildung

Zusammenfassung: Es wird die regionale Verteilung der bisher gemessenen höchsten Tagesmengen beschrieben. Die extremsten Werte werden mitgeteilt.

Summary: The author submits the regional distribution of the hitherto measured maximum 24-hour totals of precipitation, including extreme values.

I.

Zur näheren Kennzeichnung der Niederschlagsverhältnisse eines Gebietes werden neben der Niederschlagsmenge am besten Niederschlagsintensität ($mm \cdot min^{-1}$) und Niederschlagsdauer verwendet. Dazu sind allerdings Niederschlagsregistrierungen erforderlich, die aber nur von wenigen Stationen vorliegen. Die Auswertung solcher Registrierungen ermöglichte es, die Begriffe Stark- und Dauerregen in den einzelnen Klimagebieten klar zu definieren. Der Charakter der einzelnen Niederschläge in verschiedenen Klimagebieten ist unterschiedlich. Nach *Schneider-Carius* (1955) herrschen in den Tropen Niederschläge kurzer Dauer, in den gemäßigten Breiten die längerer Dauer vor. Weite Teile der Erdoberfläche weisen nur ein relativ weitmaschiges Netz von Stationen auf, die mit einem registrierenden Niederschlagsmesser ausgerüstet sind. Das Netz der Klimastationen und Niederschlagsmeßstellen ist mit Ausnahme der Ozeane und einiger Teile der Tropen hinreichend dicht. Die Tatsache, daß nur eine verhältnismäßig geringe Zahl meteorologischer Stationen mit einem Pluviographen ausgerüstet ist, hat zur Folge, daß mit großer Wahrscheinlichkeit nur ein geringer Teil extremer Niederschlagsintensitäten auf der Erde registriert wurde und auch heute registriert wird. Um überhaupt erst einmal die Gebiete erfassen zu können, in denen in erster Linie mit großen Niederschlagsintensitäten zu rechnen ist, erscheint es zweckmäßig, die bisher beobachteten höchsten Tagesmengen des Niederschlages zu ermitteln. Als Tagesmenge wird die Niederschlagsmenge bezeichnet, die in dem 24stündigen Zeitraum vom Morgen des Vortages bis zum Morgen des Meßtages – der Zeitpunkt der Messung ist unterschiedlich – gefallen ist. Der Versuch einer solchen globalen Betrachtung kann keinen Anspruch auf Vollständigkeit erheben. Es kann sich vielmehr nur um eine generalisierte Darstellung handeln.

Bezüglich der kritischen Bewertung derartiger „Globalkarten" sei auf die Ausführungen von *Knoch* (1966) verwiesen.

Im übrigen wird auf das am Schluß beigefügte Literaturverzeichnis verwiesen, in dem eine Auswahl der vorliegenden Arbeiten zusammengestellt ist.

II.

In Abbildung 1 ist in stark generalisierter Form die regionale Verteilung der bisher höchsten Tagesmengen auf der Erde dargestellt. Weniger als 25 mm weisen neben den Polargebieten die innere Sahara, die Atacama, das Tarimbecken und ein größeres Gebiet nördlich der Kasachischen Schwelle auf. Dem stehen größere Gebiete mit maximalen Tagesmengen von mehr als 200 mm gegenüber, vor allem in weiten Teilen Indiens und Ostaustraliens, am südlich des Äquators gelegenen Teil der Ostküste Afrikas, der Guineaküste und im Süden der USA, ferner an den Küsten des Chinesischen Meeres, des Gelben und des Japanischen Meeres. Auch an verschiedenen anderen Stellen der Erde sind derartige Niederschlagsmengen bereits vorgekommen.

Die bisher gemessenen höchsten 24stündigen Niederschlagsmengen auf der Erde betragen mehr als 500 mm. Sie sind bis jetzt in folgenden Gebieten beobachtet worden:

1. In den Monsun- und Taifungebieten Asiens.
2. In den Hurrikangebieten Mittel- und Nordamerikas sowie Westindiens.
3. An der Ostküste Madagaskars und auf den Maskarenen.
4. Am Ostrand der Australischen Kordillere sowie vereinzelt auf der Nord- und Südinsel Neuseelands.
5. An einzelnen Stellen der Küste Westafrikas.
6. An der Küste Französisch Guayanas.
7. In einzelnen Gebieten des nördlichen Mittelmeerbereiches.

Die heute bekannten überhaupt höchsten Tagesmengen des Niederschlages auf der Erde betragen mehr als 1000 mm. Sie sind bisher ausnahmslos in den Monsun- und Taifungebieten Asiens und des Indischen Ozeans aufgetreten:

Cilaos (La Réunion)	16. 3. 1952	1870 mm
Belouve (La Réunion)	28. 2. 1964	1689 mm
Aurere (La Réunion)	8. 4. 1958	1583 mm
Cangamba (Angola)	7. 2. 1929	1441 mm
Paishih (Taiwan)	11. 9. 1963*	1247 mm
Takamaka (La Réunion)	18. 3. 1952	1201 mm
Halaho (Taiwan)	11. 9. 1963**	1193 mm
Baguio (Philippinen)	14. 7. 1911	1168 mm
Saigo (Japan)	26. 7. 1957	1107 mm
Tscherrapundschij (Indische Union)	14. 6. 1876	1037 mm
Funkiko (Taiwan)	31. 8. 1911	1034 mm
Jawai (Indische Union, Assam)	10. 4. 1923	1019 mm
Odaigahara (Japan)	14. 9. 1923	1011 mm

Zu der genannten großen Tagesmenge von Saigo (Japan) am 26. 7. 1957 wurden von *Syono* u. a. die zweistündigen Niederschlagsmengen von vier Orten dieses Gebietes mitgeteilt:

	Isahaya	Omura	Saigo	Hase
25. 7. 57: 8–10 Uhr	0	10 (8–12 Uhr)	6 (8–12 Uhr)	0
10–12 Uhr	0			0
12–14 Uhr	93	103	224 (12–16 Uhr)	63
14–16 Uhr	161	119		148
16–18 Uhr	126	85	74	72
18–20 Uhr	72	47	132	180
20–22 Uhr	144	203	198	180
22–24 Uhr	198	110	253	193
26. 7. 57: 0– 2 Uhr	51	5	155	125
2– 4 Uhr	6	5	17	14
4– 6 Uhr	24	19	21	5
6– 8 Uhr	19	22	27	14
Summe	894	728	1107	994

Diese Werte vermitteln einen ungefähren Eindruck von den Niederschlagsintensitäten bei tropischen Starkregen. Daß im Zusammenhang damit verheerende Überschwemmungen auftreten, braucht nicht besonders hervorgehoben zu werden. Auch in Mitteleuropa können, wenn auch nicht bei weitem mit einer solch langen Andauer, ähnliche Intensitäten vorkommen. Dies zeigt der Wolkenbruch am 8. Juli 1927 im Quellgebiet der Gottleuba im Osterzgebirge, bei dem innerhalb von nur 25 Minuten insgesamt 113 mm Niederschlag fielen; in Dresden-Blasewitz gingen am 27. August 1955 bei einem starken Gewitter in 45 Minuten 90 mm Regen nieder

III.

In *Afrika*, dem Kontinent mit der bekannten streifenförmigen Anordnung der Klimagebiete und Landschaftszonen, fällt auf, daß die maximalen 24stündigen Niederschlagsmengen etwa nördlich von 10° n. Br. verbreitet weniger als 100 mm betragen, südlich davon aber vorwiegend zwischen 100 und 200 mm, in einzelnen Gebieten sogar über 200 mm liegen. Die Sahara weist mit Mengen unter 10 mm, zum Teil sogar unter 5 mm, die geringsten Beträge auf. Auch der Hohe Atlas und der Sahara-Atlas treten im Verteilungsbild der maximalen Tagesmengen des Niederschlages nicht durch besonders hohe Mengen hervor, obwohl dies besonders an der Nordwestflanke bei winterlichen Stauniederschlägen zu erwarten wäre. Eine Erklärung für die auch hier sehr deutlich zum Ausdruck kommende Niederschlagsarmut der Sahara hat *Flohn* gegeben. Ein anderes Bild ergibt sich in Südafrika. Die Namib weist mit 70 bis 100 mm als höchsten Tagesmengen im Vergleich zur Sahara beachtliche Werte auf. Die relativ geringen Werte im Gebiet der Namib greifen im Bereich des Oranje und nördlich davon zwischen 25 und 30° s. Br. in den südlichen Teil der Kalahari ein. Der mittlere und nördliche Teil dieses Wüstengebietes weist maximale Tagesmengen von 100 bis 200 mm auf, in einem Gebiet, das im Durchschnitt etwa 200 bis 500 mm Niederschlag pro Jahr erhält. Die größten Regenmengen fallen hier während des Südsommers. Im Innern der Sahara beträgt die mittlere jährliche Niederschlagsmenge dagegen weniger als 10 mm. Für die östlichen Teile der inneren Sahara stellt schon eine Tagesmenge von 5 mm ein besonderes Ereignis dar. Die Niederschläge im Gebiet der mittleren und südlichen Kalahari sind nur schwer zu erklären. Während des Südsommers liegt in der mittleren Luftdruckverteilung im Meeresniveau über diesem Raum ein Tiefdruckgebiet. Möglicherweise wird der südliche Ast der ITC in den Bereich dieses Tiefs einbezogen und dadurch weit nach Süden bis zum Wendekreis verschoben in gewisser Analogie zu der weit nach Norden verschobenen ITC während des Nordsommers im Gebiet des Indischen Subkontinents. Einen ähnlichen Verlauf

* vom 10. 9. 1963, 17 Uhr, bis 11. 9. 1963, 17 Uhr
** vom 10. 9. 1963, 20 Uhr, bis 11. 9. 1963, 20 Uhr

der ITC (allerdings nicht in eine NITC und eine SITC aufgespalten) findet man bei *Kendrew* (1953). Hier sei auch auf die Arbeit von *Weickmann* verwiesen. Im Bereich des südlichen Astes der ITC, der Grenze zwischen der äquatorialen Westwindzone und dem Südostpassat bilden sich einzelne Tiefdruckgebiete, die sich mit der Höhenströmung langsam westwärts verlagern und Niederschläge verursachen. Unter bestimmten Voraussetzungen können weit nach Norden reichende Tiefausläufer, die innerhalb der Westwindzone der Südhalbkugel ostwärts wandern, über den kalten Benguella-Strom hinweg die Westküste Südafrikas erreichen und hier episodisch zu stärkeren Niederschlägen Anlaß geben. Größte Tagesmengen des Niederschlages von mehr als 200 mm wurden in verschiedenen Teilen des Küstengebietes dieses Kontinents gemessen. Das eine Gebiet gehört dem tropischen Regenwald an.

Die Gebiete mit mehr als 200 mm maximaler Tagesmenge erstrecken sich vom westlichen Senegal bis nach Liberia. Die höchsten Mengen betragen im großen und ganzen 200 bis 300 mm, in einem Streifen entlang der Küste nordwestlich von Conakry 300 bis 400 mm, zwischen Monrovia und Freetown wurden bis zu 430 mm beobachtet. Ein zweites und ausgedehnteres Gebiet mit derartigen maximalen Niederschlagsmengen erstreckt sich etwa von Abidjan bis nach Douala. In diesem Streifen sind zwei Gebiete mit Mengen über 400 mm deutlich ausgeprägt: westlich von Accra und am Südrand des Bauchi-Plateaus in der Nordregion Nigerias. Das Auftreten der größeren Mengen in diesen Gebieten ist zum Teil auf Stauerscheinungen an den sich an das Küstengebiet anschließenden Bergländern zurückzuführen. An der Ostküste Afrikas südlich des Äquators zieht sich ein Streifen mit mehr als 200 mm maximaler Tagesmenge aus dem Gebiet östlich des Kap Agulhas mit Unterbrechungen im Gebiet zwischen Port Elizabeth und Oos-London bis in den Südwesten Somalias. Seine größte Breite erreicht der Streifen im Gebiet von Mocambique. Hier wurden an einzelnen Stellen bereits Mengen von mehr als 500 mm gemessen. Der größte Teil dieses Streifens verdankt dem Stau der mit dem Südostpassat herangeführten feuchtereichen maritimen Luftmassen seine Entstehung. In gleicher Weise sind auch die hohen Tagesmengen an der Ostküste Madagaskars zu erklären. An der Küste von Angola wurden im Gebiet von Lobito 24stündige Niederschlagsmengen über 500 mm gemessen. Das ist die einzige Stelle an der Westküste Afrikas südlich von Douala mit sehr hohen Tagesmengen. Die übrigen, hier nicht näher betrachteten Gebiete Afrikas weisen keine Besonderheiten hinsichtlich der extremen Tagesmengen des Niederschlages auf. Gebietsweise ergeben sich geringere Mengen als Folge der Leewirkung im Bereich von Bergzügen. In weiten Teilen dieses Kontinents ist die regionale Verteilung der extremen Mengen relativ gleichmäßig.

In *Nordamerika* ist eine nahezu gleichförmige Anordnung des Verlaufs der Linien gleicher maximaler Tagesmengen zu erkennen. Die maximalen 24stündigen Niederschlagsmengen betragen im Norden Kanadas und Alaskas vorwiegend 25 bis 50 mm und erreichen in den südlichen Teilen dieser beiden Gebiete 50 bis 100 mm. An der pazifischen Küste Alaskas übersteigen diese maximalen Mengen der Niederschläge durch Stau an den Rocky Mountains Mengen von 100 mm und erreichen im Gebiet von Cordova schließlich 200 bis 300 mm. Das sind für Gebiete in hohen Breiten (60° n. Br.) ungewöhnliche Mengen. Desgleichen wurden auch an der kanadischen Pazifikküste Mengen von 100 bis 200 mm und bei Vancouver mehr als 200 mm gemessen. In den USA treten zwei Tatsachen im Verteilungsbild der maximalen Tagesmengen deutlich hervor: die Leewirkung der Rocky Mountains und die großen Mengen im Bereich des Golfes von Mexiko. An der Westküste der USA liegen die höchsten Mengen zwischen 100 und 200 mm, auf dem Mount Wilson wurden reichlich 400 mm gemessen. Das Gebiet mit 100 bis 200 mm als maximaler Tagesmenge erfaßt die Halbinsel Kalifornien und erstreckt sich vom Golf von Kalifornien nordostwärts zu den Großen Nordamerikanischen Seen und von hier ostwärts bis zum Atlantik. Südlich einer etwa von El Paso über Oklahoma City–Nashville–Greenville–Elkins–Philadelphia verlaufenden Linie wurden mehr als 200 mm, im Küstengebiet des Golfes von Mexiko und in Südflorida mehr als 300 mm, nordwestlich von Austin (Texas) bis zu 590 mm, in Port Arthur (Texas) bis zu 455 mm, in Pensacola (Florida) bis zu 435 mm, in Key West (Florida) bis zu 505 mm als bisher höchster Tagesmenge gemessen. Im Gebiet von Hartford (Connecticut) wurde am 18. August 1955 eine Niederschlagsmenge von 308 mm beobachtet.

In *Mittelamerika* ist die regionale Verteilung der maximalen Tagesmengen des Niederschlages ziemlich gleichmäßig. Dabei überwiegen im Norden die Mengen zwischen 200 und 300 mm, vereinzelt wurden auch schon mehr als 300 mm gemessen. Im südlichen Teil dagegen betragen die größten Tagesmengen im großen und ganzen 100 bis 200 mm. An der Küste des Golfes von Mexiko und der des Karibischen Meeres können im Bereich eines Hurrikans örtlich größere Mengen als die hier angegebenen aufgetreten sein. Auf den Inseln *Westindiens* liegen die maximalen Tagesmengen verbreitet zwischen 200 und 300 mm. 24stündige Niederschlagsmengen von mehr als 500 mm sind bis jetzt nur aus dem Osten von Haiti und aus einzelnen Teilen Kubas bekannt. Verheerende Niederschläge traten letztmalig bei dem Hurrikan „Flora“ auf, der Anfang Oktober 1963 den Westteil von Haiti und den Osten von Kuba heimsuchte. Im Gebiet des amerikanischen Militärstützpunktes Guantanamo auf Kuba fielen am 4. Oktober 1963 innerhalb weniger Stunden 275 mm Niederschlag. Nach nichtamtlichen Berichten sollen vereinzelt in der Zeit vom 5. bis 8. Oktober 1963 in den betroffenen Gebieten 1000 mm Niederschlag gefallen sein. Man kann annehmen, daß an einigen Orten in dieser Zeit auch wieder maximale Tagesmengen von mehr als 500 mm aufgetreten sind. Man muß hier auch berücksichtigen, daß das Relief wesentlich zu einer Verstärkung der Niederschläge beitragen kann.

In weiten Teilen *Südamerikas* liegen die maximalen Tagesmengen über 100 mm. Im Gebiet von Französisch-Guayana wurden sogar Mengen bis zu fast 600 mm gemessen. Das sind die höchsten 24stündigen Niederschlagsmengen, die bis jetzt aus Südamerika bekannt sind. An der niederschlagsreichen, dem Südostpassat ausgesetzten Ostküste wurden als maximale Mengen im Gebiet von Sao Paulo reichlich 300 mm gemessen. Im Landesinneren sind es nur einige wenige Orte, an denen bisher mehr als 200 mm als maximale Tagesmenge vorgekommen sind. Mit 70 bis 100 mm weist der Planalto do Brasil deutlich geringere Mengen auf. An der Atlantikküste Patagoniens gehen diese Werte infolge der Leewirkung der südlichen Teile der Anden sogar auf weniger als 25 mm zurück, während die chilenische Küste im Bereich der Westwindzone Mengen zwischen 100 und 200 mm aufzuweisen hat. Je weiter man sich an der Westküste Südamerikas nordwärts bewegt, desto geringer werden die maximalen Niederschlagsmengen, entsprechend den in gleicher Richtung abnehmenden mittleren Jahresmengen des Niederschlages. Die hier deutlich werdende Wirkung des Humboldtstromes ist stärker als die des Benguella-Stromes an der Westküste Südafrikas. Im Küstengebiet zwischen 10° und 20° südlicher Breite sinken die maximalen Tagesmengen auf weniger als 10 mm ab. Von hier aus nehmen sie in nordöstlicher Richtung zwar wieder zu, bleiben aber im allgemeinen unter 100 mm. Dieses Gebiet überdeckt den gesamten Ostabhang der Anden im Bereich des oberen Amazonas und des oberen Einzugsgebietes des Rio Madeira. In Südchile können relativ geringe Mengen auch in den zwischen einzelnen Küstenketten und den Anden gelegenen Längstälern auftreten.

In *Asien* betragen die maximalen 24stündigen Niederschlagsmengen in weiten Teilen nördlich des 60. Breitengrades weniger als 50 mm, an der Küste Sibiriens zwischen 90° und 170° östlicher Länge weniger als 25 mm. Weniger als 50 mm ergaben sich bisher auch in einem ausgedehnten Gebiet, das sich von Tibet über den Tien-schan bis zur Kasachischen Schwelle erstreckt und von hier aus bis in die östlich der unteren Wolga gelegenen Gebiete reicht. Im Tarimbecken und knapp nördlich der Kasachischen Schwelle sind es ebenfalls weniger als 25 mm. In einzelnen größeren Gebieten zwischen Schwarzem Meer und Kaspischem Meer, in der westlichen und südlichen Türkei sowie im westlichen Libanon und im Südwesten Saudi Arabiens wurden 100 bis 200 mm, in der Kolchis auch höhere Mengen beobachtet. Von diesen kleineren Gebieten abgesehen wurden in Asien bislang maximale Tagesmengen des Niederschlages von mehr als 100 mm nur in einem Gebiet gemessen, das außer dem Himalaya Kashmir, Pakistan, die Indische Union, Südostasien, Japan und die östlichen Teile Chinas umfaßt. In diesem ausgedehnten Gebiet wirkt das Relief außerordentlich stark differenzierend. Als Regenfänger wirken die dem Arabischen Meer zugewandten Hänge der Westghats sowie die Bergländer von Assam und Burma. Die extrem hohen Niederschlagsmengen in Assam entstammen ausschließlich den hier durch das Relief erheblich verstärkten Monsunregen. Tropische Wirbelstürme haben hier keine Bedeutung. Maximale Tagesmengen von mehr als 200 mm wurden auch im Gebiet der Demokratischen Republik Vietnam, in Südvietnam, in China im Küstengebiet des Südchinesischen Meeres, im Gebiet westlich von Wuhan (VR China), in Korea und in Japan beobachtet. In diesen Gebieten stellen sich die extremen Tagesmengen des Niederschlages vorwiegend im Zusammenhang mit starken Regenfällen im Bereich tropischer Wirbelstürme ein. Die extremsten Mengen, die bisher in diesen Gebieten gemessen worden sind, wurden bereits weiter vorn aufgeführt. In der Inselwelt Südostasiens sind die maximalen 24stündigen Niederschlagsmengen recht unterschiedlich, da wiederum das Relief erheblich differenzierend wirkt. Auch hier bestimmen die im Zusammenhang mit Taifunen auftretenden Regenfälle vorwiegend die extremen Tagesmengen. Während große Teile Sumatras und Westjavas sowie Teile im Osten und Westen von Kalimantan weniger als 100 mm als maximale Tagesmenge aufzuweisen haben, werden im Norden der letztgenannten Insel, auf Luzon und auf Mindanao verbreitet mehr als 200 mm, in einzelnen Gebieten auch mehr als 300 mm gemessen. Auch in Neuguinea ergaben sich verbreitet derartige Werte. Zieht man die zahllosen kleinen Inseln mit in die Betrachtungen ein, dann ergibt sich ein recht vielseitiges Bild. Sind es teilweise weniger als 200 mm, so gibt es auch Stellen, an denen mehr als 400 mm gemessen wurden.

In einigen Gebieten im Süden von *Australien* wurden bisher als maximale Tagesmengen weniger als 100 mm gemessen. Im überwiegenden Teil dieses Kontinents sind es 100 bis 200 mm, an der Nordwestküste 200 bis knapp 400 mm. In großen Teilen von Queensland und einigen Gebieten des Nordterritoriums wurden 100 bis 200 mm gemessen. An der Ostküste im Stau der Dividing Range und der Great Dividing Range erreichen die maximalen Tagesmengen des Niederschlages weitaus mehr als 200 mm. Im Küstengebiet etwa zwischen 15° und 24° südlicher Breite wurden die bisher höchsten Tagesmengen des Niederschlages mit Mengen zwischen 400 und 650 mm beobachtet. Neuseeland weist im allgemeinen maximale Werte von 100 bis 250 mm, an ganz wenigen Stellen bis zu 600 mm auf.

Auch in *Europa* sind die bislang gemessenen höchsten 24stündigen Niederschlagsmengen sehr unterschiedlich. Die geringsten Mengen mit weniger als 50 mm ergaben sich bis jetzt in Nordschweden, großen Teilen Finnlands und im nördlichen Teil der Sowjetunion, ferner in einem ausgedehnten Gebiet nördlich und nordöstlich des Kaspischen Meeres. Im weitaus größten Teil des Kontinents liegen die maximalen Tagesmengen des Niederschlages zwischen 50 und 100 mm, in einzelnen mehr oder weniger ausgedehnten Gebieten – abgesehen vom Mittelmeerraum – wurden 100 bis 200 mm, ganz vereinzelt sogar 200 bis 350 mm gemessen. Besonderheiten in der regionalen Verteilung der maximalen Tagesmengen in Europa treten nicht in Erscheinung, sofern

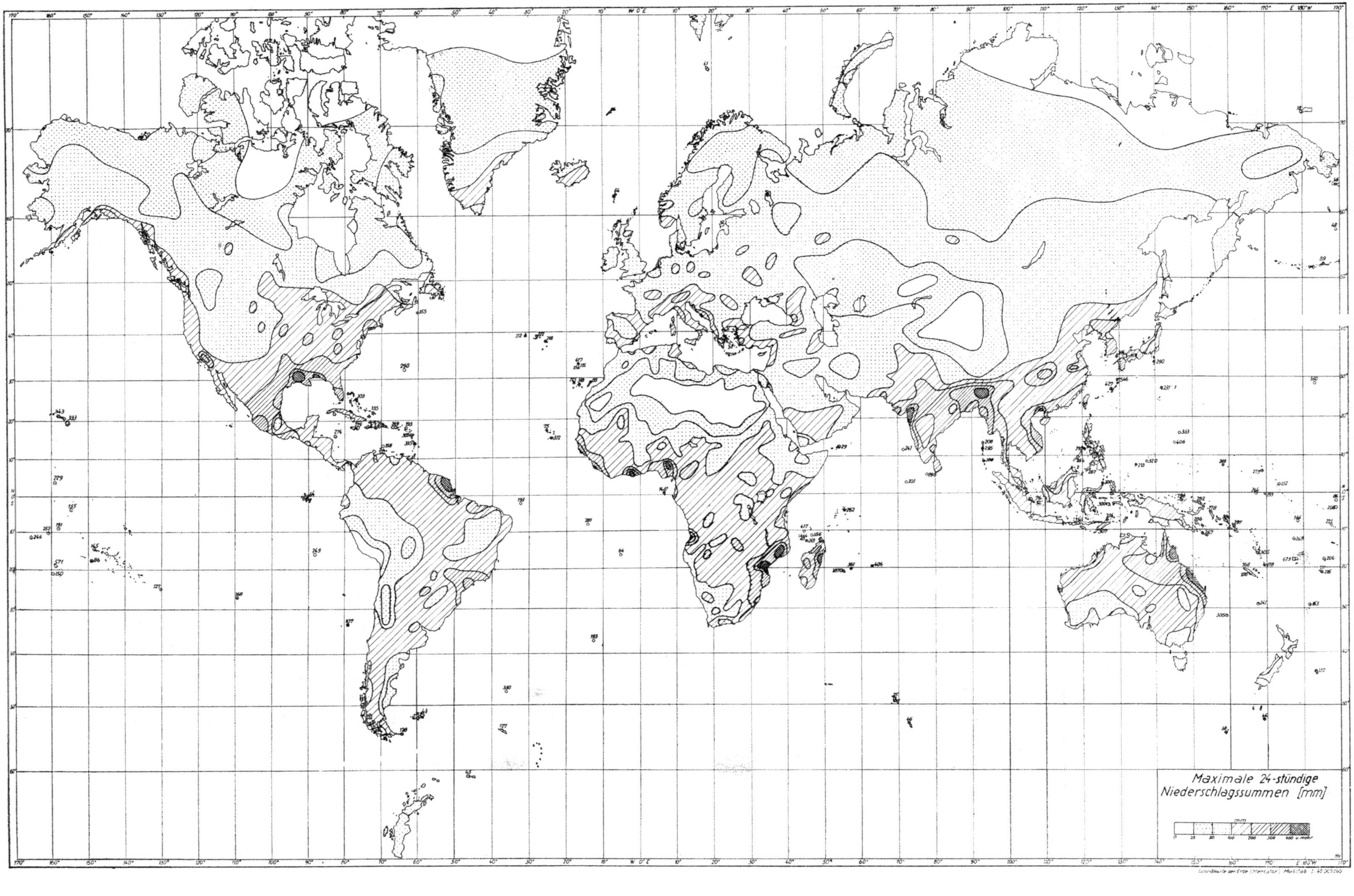

Maximale 24-stündige
Niederschlagssummen [mm]
mm
0
25
80
100
200
300
400 u. mehr
Umrißkarte der Erde (Mercator) Maßstab 1:40 000 000

man die sehr deutlich ausgeprägte Wirkung des Reliefs nicht als Besonderheit ansieht. Anders verhält es sich dagegen im Mittelmeergebiet. Hier tritt neben der verstärkten Wirkung des Reliefs noch der Einfluß besonderer Wetterlagen hervor. Die maximalen Niederschlagsmengen liegen hier verbreitet zwischen 100 und 200 mm. Namentlich in Italien wurden auch schon wesentlich höhere Tagessummen des Niederschlages gemessen. Besonders für Italien sind südliche Strömungen die Niederschlagsbringer. Im Oktober 1951 wurden von starken Regenfällen Sardinien, Sizilien und Kalabrien betroffen. Die stärksten Regenfälle gingen in den Gebieten nieder, die im Stau der südöstlichen Strömung lagen. Auf Sardinien wurden in den Tagen vom 15. bis 18. 10.1951 gebietsweise Tagesmengen von mehr als 300 mm, in Sicca d'Erba am 15. 10. 470 mm, am 16. 10. 544 mm und am 17. 10. 1951 417 mm gemessen. Auf Sizilien waren die Mengen nicht ganz so hoch. In Kalabrien waren die Mengen auf kleinerem Gebiet insgesamt wesentlich höher. In S. Cristina d'Asprom wurden am 16. 10. 535 mm, am 17. 10. 533 mm und am 18. 10. 1951 427 mm gemessen. Am 4. und 5. November 1966 wurden in einzelnen Gebieten Norditaliens Tagessummen des Niederschlages von mehr als 300 mm gemessen. Diese Mengen sind einmal als Tagesmengen ungewöhnlich, sie stellen für diese Gebiete neue absolute höchste Tagesmengen dar. Zugleich stellen sie auch in den Hauptniederschlagsgebieten für 2 bzw. 3 aufeinanderfolgende Tage neue Höchstwerte dar. In dem bereits oben genannten S. Cristina d'Asprom beträgt die mittlere Jahressumme des Niederschlages 1467 mm. In der Zeit vom 14. 10. 1951 09 Uhr bis 19. 10. 1951 09 Uhr fielen an dieser Station insgesamt 1505 mm Niederschlag, das sind 103% der normalen Jahresmenge.

Für die *Ozeane* können keine Gebiete angegeben werden, die besonders hohe oder niedrige maximale Tagesmengen des Niederschlages aufzuweisen haben. Die auf Schiffen gemessenen Werte können nicht als repräsentativ angesehen werden und die auf den Inseln beobachteten Werte lassen sich nicht ohne weiteres auf die angrenzenden Meeresgebiete übertragen, da auf den Inseln der Einfluß des Reliefs sehr deutlich in Erscheinung tritt.

Literatur (Auswahl)

Aniol, R., Über starke Niederschläge im Gebiet Taunus – Odenwald. Berichte des Dt. Wetterdienstes, Nr. *11*, Bad Kissingen 1954

Aniol, R., Örtliche Unterschiede bei der Häufigkeit großer Tagessummen des Niederschlages. Meteor. Rdsch. *5*, 1952, 1/2

Anonym, Außerordentlicher Regenfall im Staate Virginia. Meteor. Z. *24*, 1907. Dazu siehe auch bei *Evans*

Anonym, Über wolkenbruchartige Regenfälle in Aachen. Meteor. Z. *19*, 1902

Anonym, Regenmessungen in Kamerun. Meteor. Z. *23*, 1906

Arléry, R., Quelques données sur les valeurs maximales de l'intensité moyenne des precipitations à Nantes et Lyon. La Météorologie, Paris, *4*, 1962, 68

Aßmann, J., sen., Ein Gewitterregen von 84 mm in 45 Minuten. Das Wetter, XXI, 1904

Antonik, B., und *W. Böer*, Klimatologische Auswertungen der Stark- und Dauerregen. Simpozionul internat. precipitatilije Atmosferice. Bucuresti 1966

Beck, F. X., Größte Tagesmengen des Niederschlages in Karlsruhe. Wetter und Klima, *2*, 1949, 5/6

Berg, H., Anomale Niederschläge in Süddeutschland und ihre Bedingungen (Wetterlage vom 6. bis 8. Mai 1931). Beitr. Geophys. XXXVII, 1932

Billwiller, R., Die Niederschläge am 19. und 20. Mai 1906 in der Nordostschweiz. Meteor. Z. *23*, 1906

Binting, P., Ein auffälliger Starkniederschlag. Ann. d. Meteor. *3*, 1950

Blüthgen, J., Geogr. Taschenbuch 1960/61. Wiesbaden 1960

Böer, W., *H. Schubert* und *O. Wilser*, Das Sommerhochwasser der Elbe im Juli 1954. Besondere Mitteilungen zum Dt. Gewässerkundl. Jahrbuch, Nr. 19, herausg. vom MHD der DDR, Berlin 1954

Bull, G. A., Rainfall statistics in the Belgian Congo. Nature, London 179, 1957, 4552

Dammann, W., Über die Definition von Starkregen. Ann. Hydr. und marit. Meteor. 1938

Dinceo, T., Über die Intensität der Niederschläge in Bulgarien unter Berücksichtigung ihrer Dauer und Häufigkeit. Izv. Techn. Inst. BAN, 1959

EAWAG, Eidgenössische Anstalt für Wasserversorgung, Abwasserreinigung und Gewässerschutz an der ETH Zürich: Statistische Auswertung der Regenintensitäten von Bern (inedito)

Elsner, v., Die großen Niederschläge vom 25. August 1927 und ihre Ursachen. Meteor. Z. *45*, 1928

Evans, E. A., Phenomenal rainfall at Guinea, Virginia. Monthly Weather Review, *34*, 1906, 406–407

Fickert, R., Das Katastrophenhochwasser im Osterzgebirge im Juli 1927, Dresden 1934

Flohn, H., Warum ist die Sahara trocken? Z. Meteor., *17*, 1966, 9–12

Forster, E. A., Außerordentliche Regenmengen in Südtirol im Mai 1905 und November 1906. Meteor. Z. *24*, 1907

Ganesan, V., Incidence of heavy rain at Minicoy. Ind. J. Meteor. Geophys., Delhi, *9*, 1958, 2

Gegenwart, W., Die ergiebigen Stark- und Dauerregen im Rhein-Main-Gebiet und die Gefährdung der landwirtschaftlichen Nutzflächen durch die Bodenzerstörung. Rhein-Mainische Forsch. H. 36, Frankfurt/M. 1952

Ghose, S. K., Eine Analyse des Regensturmes über dem Gebiet des Damodartales im September 1958. Ind. J. Meteor. Geophys., Delhi, *11*, 1960, 3

Glasspoole, J., Heavy falls of rain in short periods (two hours or less). Quart. J. Royal Met. Soc. London 1931

Glasspoole, J., The areas covered by intense and widespread falls of rain. Proc. Inst. Civ. Eng. CCXXIX 1929/30

Goldie, A. H. R., Rates of rainfall. Meteor. Mag. LXVIII 1933 and LXIX 1934

Grunsky, C. E., Simplified rain-intensity formulas. Monthly Weather Review, 1930, 416ff.

Guilmet, B., Intensité etdes fortes précipitations en fonction de leur durée. La Météorologie, Paris, IV – 64–61

Häuser, J., Kurze starke Regenfälle in Bayern. Abh. Bayerr. Landesstelle f. Gewässerkunde, 1919

Hamann, Schwere Hagelwetter am 5. Juni (1908). Das Wetter, XXV, 1908

Hann, J. v., Der tägliche Gang der Regenfälle und die Maxima derselben auf Java. Meteor. Z. *23*, 1906

Hann, J. v., Ergebnisse 81jähriger Regenmessungen in Rom. Meteor. Z. *23*, 1906

Heidke, P., Der höchste 24stündige Niederschlag. Meteor. Z. 1933

Heidke, P., Die niederschlagsreichste Station in Deutsch-Ostafrika. Ann. Hydr. und marit. Meteor. 61, 1933
Held, A., Beitrag zu einer Definition für Starkregen im Ostalpengebiet. Arch. f. Met., Geophys., Bioklim., Serie B, Wien, II, 1951, 5
Hellmann, G., Große Niederschlagssummen in Deutschland. Z. K. Preuß. Stat. Bureau, Jahrgang 1884, S. 251
Hennig, R., Wolkenbruch-Rekorde. Wetter und Klima 1, 1948 7/8
Henze, H., Die größte um 7 Uhr gemessene Tagesmenge des Niederschlages und die größte 24stündige Niederschlagsmenge überhaupt. Tät. Ber. Preuß. Met. Just. 1932, Berlin 1933
Hörler, A., Die Intensitäten der Starkregen in der Schweiz. Gas- und Wasserfach, 103, 1962, Heft 20
Hörler, A., Auswertung von 30jährigen Aufzeichnungen der Regenmeßstation Rotmonten in St. Gallen (Schweiz). Zeitschr. f. Hydrol. Vol. XX, Fasc. 1, 30/40
Hoffmeister, J., Über die Struktur der Niederschlagsintensität bei langandauernden Niederschlägen. Tät. Ber. Preuß. Met. Inst. 1932, Berlin 1933
Hutchison, J., On the characterization of tropical rainstorms in relation to runoff and percolation. Quart. J. Royal. Met. Soc. London, 84, 1958, 361
Hydrographisches Zentralbüro Wien, Beiträge zur Hydrographie Österreichs. Heft 31
Jameson, H., On the mean maximum rain falling in a time t. Quart. J. Royal Met. Soc. London 1929
Jarvis, C. S., and *A. J. Schafmayer*, Rainfall intensities and frequencies. Proc. Am. S. Civ. Eng. LXIII, 1937
Jennings, A. H., World's greatest observed point rainfalls. Monthly Weather Review, 78, 4–5
Jordan, C. L., and *M. Shiroma*, A record rainfall at Okinawa. Bull. Amer. Meteor. Soc., Lancester/Pa. 40, 1959, 12
Kauf, H., Die Starkniederschläge in Thüringen. Dissert. Leipzig 1953
Keller, R., Gewässer und Wasserhaushalt des Festlandes. Eine Einführung in die Hydrogeographie. Leipzig 1962
Kendrew, The Climates of the Continents. Oxford 1953
Kern, H., Große Tagessummen des Niederschlages in Bayern. Münchener Geogr. Hefte, Nr. 21, Kallmünz/Regensburg 1961
Kern, H., Der Hochwasserregen im südlichen Donaugebiet vom 12. bis 14. Juni 1959. Dt. Gewässerkundl. Mitt., Koblenz, *4*, 1960, 3
Kletterer, L., Die meteorologischen Ursachen der Hochwasserereignisse im Sommer 1959. Wetter und Leben, Wien, *12*, 1960, 3/4
Knoch, K., Vorschlag zu einer Definition starker Regenfälle. OMI, Klimatologische Kommission. Prot. d. Tagung in Salzburg 1937
Knoch, K., Großraum-Klimakarten. Z. f. Meteorol. Band *17*, 1966, Heft 9–12
Koch, H.-G., Meteorologische Ursachen und Auswirkungen des Julihochwassers 1954. Urania 17, 1954, 12
Koch, H.-G., Wetterheimatkunde von Thüringen. Jena 1953
Koch, H.-G., Über das Vb-Unwetter vom 13./14. Juni 1946 in Thüringen. Mitt. d. Thür. Landeswetterwarte, 1948, 7
Kropf, A., Auswertung von 30jährigen Aufzeichnungen der Regenmeß-Stationen der Meteorologischen Zentralanstalt Zürich. Schweiz, Bauzeitung, *123*, 1944
Kühn, U., Ein Beitrag zur synoptischen Klimatologie der Starkregen in Sachsen. Z. Meteor., 1953
Mahalanobis, P. C., Report on rainfall and floods in North-Bengal 1870–1922. Kalkutta 1927
Marx, S., Über große und starke Niederschläge im Osterzgebirge und im südlichen Elbsandsteingebirge. Z. Meteor. 18, 1966, 5/7
Marx, S., Die im Zeitraum 1901 bis 1965 im Gebiet der DDR gemessenen extrem hohen Tagessummen des Niederschlages. Z. Meteor. Band 19, Heft 9–10
Marx, S., Die Unwetter in Norditalien Anfang November 1966 in klimatologischer Sicht und im Vergleich zu mitteleuropäischen Verhältnissen. Wiss. Zeitschr. d. Päd. Hochschule Potsdam. Math.-Nat. Reihe, Heft 3, 1967
Marx, S., Über extreme Niederschlagssummen. Geogr. Berichte, Heft 43, 1967, 143–148
Masatoshi, Y., The distribution of maximum observed rainfall and the characteristics of depht-duration and intensity-duration curves in Japan. Tokyo Journal of Climatology, Oct. 1964, Vol. 1, Nr. 2
Maso, M. S., Rainfall in the Philippines, Manila 1907
Maurer, J., Abnorme Verteilung der Niederschlagsmengen auf der Nordseite der Alpen im Sommer 1906. Meteor. Z. *24*, 1907
Mayencou, R., Conditions synoptiques donnant lieu a des précipitations torrentielles au Sahara. La Météorologie, Paris, IV – 62–61
Mazelle, Wolkenbruchartiger Regen. Meteor. Z. *24*, 1907
Meteorological Observations, Rainfall records for British-East-Africa. London 1910
Meteorological Office, Tables of temperature, relative humidity and precipiation for the world. Part. I–VI, London 1958
Meteorological and Geophysical Servicee Ministry of Communications at Djakarta, Pemeriksaan Hudjan (rainobservations) di Djawa dan Madure Indonesia. Vol. 66, 1947–1950
Mey, A., Platzregen über Bremen. Ann. d. Hydr. und marit. Meteor. 1933
Millás, J. C., La elluvia an la Habana, La Habana 1943
Muzikochi, M., Distribution of the extreme values of precipitation in Japan, with a special reference to their daily amounts. Geogr. Rev. Japan, Tokyo, *31*, 1958, 2
Otto, W., Starkregen in den Nordtiroler Alpen. Dissert. Würzburg 1935
Paulhus, J. L. H., Indian Ocean and Taiwan rainfalls set new records. Monthly Weather Review 93, 1965, 5
Paxmann, D. J., The exceptional rainfall of the 18th July 1955. Weather, London, XII, 1957, 8
Pflugbeil, C., Katastrophale Regen in Ostafrika – November 1961. Der Wetterlotse, *14*, 1962, 184
Plassard, J., Statistische Untersuchung der Häufigkeit der starken Regenfälle in Beirut. Sonderdruck: Observatoire de Ksara, Ksara 1964
Polis, P., Wolkenbruchartige Regenfälle im Juni 1905 im Regierungsbezirk Aachen. Meteor. Z., *23*, 1906.
Polis, P., Die wolkenbruchartigen Regenfälle am 17. Juni 1904 im Main-, Rhein- und Wesergebiet. Petermanns Geogr. Mitt., *51*, 1905
Portig, W., Der Temporal von Ende Oktober 1957. Meteor. Rdsch., *11*, 1958
Raewskij, A. N., Die Untersuchung eines Falles intensiver Niederschläge vom 12.–13. Juni 1957 im Gebiet von Stanislaw. Trudy Ukrain. Nauc.-issled. gidrometeor. Inst. Moskau, 1959, 17
Reich, B. M., Short duration rainfall in South-Africa. South-Africa J. of Agricult. Sci., Pretoria *4*, 1961, 4
Reichel, E., Die Starkniederschläge vom 15.–17. Juli 1951 in Südbayern. Beilage zum Witterungskurzbericht für Bayern, Juli 1951
Reinhard, H., Das Regenunwetter in Nordwestmecklenburg Ende August 1946. Z. f. Meteor., *1*, 1946
Reinhold, F., Grenzwerte starker Regenfälle. Gesundheitsingenieur, LVIII, 1935
Rigg, J. B., Climatological extremes. Weather, XIX, 1964, 8
Husen, Christa van, Klimagliederung in Chile auf der Basis von Häufigkeitsverteilungen der Niederschlagssummen. Freiburger Geographische Hefte, Heft 4, Freiburg i. Br. 1967

Rivieré, Ch., Über den Regenfall in Algier 1868/1905. Meteor. Z. *23*, 1906
Robertson, C. L., and *N. P. Sellick*, The climate of Rhodesia, Nyasaland and Mocambique Colony, Berlin 1933
Roller, M., Die Feinstruktur des Sommermaximums der Gewitter und Starkregen in den Ostalpenländern. Wetter und Leben, *3*, 1951, 11/12
Ryukyu Weather Bureau, 1956, Report of abnormal weather, No. 8, 54 pp (japanisch)
Scherhag, R., Das Norddeutsche Regenunwetter vom 25. bis 27. August 1946. Z. Meteor. *2*, 1948
Schick, M., Die geographische Verbreitung des Monsuns. Leipzig 1953
Schneider-Carius, K., Die Niederschlagswahrscheinlichkeit als kennzeichnende Größe in einer Darstellung der Physiognomie der Niederschläge. Z. Meteor. *9*, (1955), 6
Schwalbe, G., Die starken Niederschläge am 2. Juni 1902 in der Provinz Rheinland. Veröff. Preuß. Met. Inst. Ergebnisse d. Niederschlagsbeobachtungen 1903, Berlin 1906
Seelye, C. J., The frequency of heavy rainfalls in New Zealand. Meteorol. Office Note, New Zealand, 1947, 33
Semmelhack, W., Die Regenverteilung in Debundscha in Kamerun. Ann. d. Hydrgr. und marit. Meteor. 1933
Solimann, K. H., Rainfall over Egypt. Quart. J. Royal Met. Soc. London. Vol. 79, No. 341. July 1953
Stefanov, St., und *As. Stoev*, Zwei besonders niederschlagsreiche Jahre mit katastrophalen Überschwemmungen, die um ein Jahrhundert auseinanderliegen. Chidrol. i Meteorol., Sofia, 1960, 5
Steinhäuser, H., Hydrometeorologische Untersuchungen in den österreichischen Südalpen. Österr. Wasserwirtschaft, *7*, 1955, Heft 7, 10 und 12
Süring, R., Die verheerenden Gewitter und Regenfälle in Norddeutschland vom 20. bis 24. Mai 1908. Das Wetter, XXV, 1908
Sueva, V., Charakteristika ua maksimaluite demonostui valuži v swerciztačna Bulgaria. Chidr. i Meteor., Sofia 1960, 2
Syono, S. u. a., Broad-scale and small-scale analysis of a situation of heavy precipitation over Japan in the last period of Baiu season 1957. Japan. J. Geophys., Tokyo, 2, 1959, 2
Theaman, J. R., The wettest spots in the world. Indianapolis 1934
Theaman, J. R., Extreme Weather Records. Extracts from Government Meteor. Publ. Indianapolis. Ind. Decemb. 1932
Thornthwaite, C. W., The life history of rainstorms. Geogr. Rev. XXVII, 1937
Trautmann, E., Stark- und Dauerregen in Nordbayern. Mitt. d. Deutschen Wetterdienstes, Nr. 26 (Band 4), Offenbach a. Main 1961
Union of South Africa, Dept. of Transport, Weatherbureau, Climate of South Africa. Part 3 – Maximum 24-hour rainfall. South Africa Dept. Transport, Weather Bureau, W. B. 21, 1956
Uspenskaja, T. A., Die Wolkenbrüche im Bereich der zentralen Schwarzerdegebiete (russ.). Sb. rabot. Kurskoj gidrometeorol. Obser. 1963, Heft 2
U.S. Department of Commerce, Weather Bureau, Technical Papers,
No. 2 Washington D. C. 1947
No. 8 Washington D. C. 1949
No. 15 Maximum stations precipitation for 1, 2, 3, 6, 12 and 24 hours:

Part I	Washington D. C. 1951	Part X	Washington D. C. 1954	Part XVIII	Washington D. C. 1956
Part III	Washington D. C. 1952	Part XI	Washington D. C. 1955	Part XIX	Washington D. C. 1956
Part IV	Washington D. C. 1952	Part XII	Washington D. C. 1955	Part XX	Washington D. C. 1956
Part V	Washington D. C. 1953	Part XIII	Washington D. C. 1955	Part XXI	Washington D. C. 1958
Part VI	Washington D. C. 1953	Part XIV	Washington D. C. 1955	Part XXII	Washington D. C. 1958
Part VII	Washington D. C. 1953	Part XV	Washington D. C. 1955	Part XXIII	Washington D. C. 1959
Part VIII	Washington D. C. 1954	Part XVI	Washington D. C. 1956	Part XXIV	Washington D. C. 1959
Part IX	Washington D. C. 1954	Part XVII	Washington D. C. 1956	Part XXV	Washington D. C. 1960
				Part XXVI	Washington D. C. 1961

No. 16 Washington D. C. 1952
No. 24 Part I Washington D. C. 1953, Part II Washington D. C. 1954
No. 25 Washington D. C. 1955
No. 28 Washington D. C. 1956
No. 29 Part I Washington D. C. 1957, Part II Washington D. C. 1958, Part III Washington D. C. 1958, Part IV Washington D.C. 1959
No. 38 Washington D. C. 1960
No. 40 Washington D. C. 1961
No. 42 Washington D. C.
No. 43 Washington D. C.
Vanney, Jean-René, Die Starkregen in Wüstengebieten. Petermanns Geogr. Mitt. *111* (1967) 2
Ven, Te Chow, Frequency analysis of hydrologic data with special application to rainfall intensities. University of Illinois Bull. (July 1953)
Weickmann, L., jr., Mittlere Luftdruckverteilung im Meeresniveau während der Hauptjahreszeiten im Bereiche um Afrika, in dem Indischen Ozean und den angrenzenden Teilen Asiens. Meteor. Rdsch. *16* (1963) 4
Williams, G. B., The rainfall of Assam. Quart. Journ. Royal Met. Soc. London, 1932
Woeikof, A., Regenintensität und Regendauer in Batavia. Meteor. Z., *23*, 1906
Wolf, P. O., The civil engineers interest in heavy rainfall. Weather, London, XI, 1956, 8

Anschrift: Dipl.-Geograph Siegfried Marx, Meteorologischer Dienst der DDR, Hauptamt für Klimatologie, 15 Potsdam, Michendorfer Chaussee 23

551.593.653

Untersuchungen über die Leuchtenden Nachtwolken*)

Von **W. Schröder**

Zusammenfassung: Die deutschen Beobachtungen der Jahre 1885 bis 1941 zeigen folgende Ergebnisse: *a.*) die Leuchtenden Nachtwolken treten in Mitteleuropa vornehmlich im Juni-Juli auf; *b.*) während der Monate September–April lassen sie sich nicht nachweisen; *c.*) sie wurden bevorzugt vor Mitternacht festgestellt; *d.*) die Lebensdauer einzelner Wolken kann bis zu einigen Stunden betragen; *e.*) sie verlagern sich besonders in Richtung SW mit einer durchschnittlichen Geschwindigkeit von 48 m/s, jedoch können Einzelgeschwindigkeiten im Wolkenfeld bis zu etwa 150 m/s aufgezeigt werden; *f.*) ihre Höhe liegt nahezu konstant bei 82 km und *g.*) es zeigen sich vorzugsweise kürzere Wellenlängen zwischen 8–20 km.

Summary: The results of German observations of noctilucent clouds during the years 1885–1941 are: *a.*) the peak of noctilucent cloud activity falls in to June-July; *b.*) no noctilucent clouds were seen during September–April; *c.*) the noctilucent clouds are generally seen before midnight; *d.*) partially, the clouds are quite persistent; *e.*) the generl velocity are 48 m/s; *f.*) it can be assume that the height of the clouds is constant and equal to 82 km; *g.*) the observations yielded wavelengths from 8–20 km.

1. Einleitung

Leuchtende Nachtwolken wurden erstmalig im Jahre 1885 von dem deutschen Astronomen *Otto Jesse* (25. 3. 1834–1. 4. 1901) beschrieben. *O. Jesse* stand damals im Dienst der Berliner Sternwarte, wobei es ihm ermöglicht wurde, daß er sich diesen Wolken widmen konnte. Vor 1885 werden Leuchtende Nachtwolken sicherlich auch aufgetreten sein, jedoch sind sie nicht als Nachtwolken beschrieben worden. Möglicherweise verstecken sich unter manchen beschriebenen Polarlichtern oder anderen Himmelserscheinungen vor 1885 Leuchtende Nachtwolken.

Seit 1885 sind über tausend Beobachtungen gesammelt worden, wovon ein großer Teil durch sowjetische Beobachter erhalten wurde. Gerade die Ergebnisse der sowjetischen Forscher und ihr mit Fleiß und Unterstützung der Akademie der Wissenschaften aufgebauter Beobachtungsdienst haben der Nachtwolkenforschung entscheidene Impulse gegeben.

2. Die Beobachtungen

In Deutschland wurden die Leuchtenden Nachtwolken zuerst im Jahre 1885 beobachtet. Besonders *Otto Jesse*, der seinerzeit bei der Berliner Sternwarte und dem Recheninstitut tätig war, begann sich für diese Erscheinungen zu interessieren. In einem Nachruf schreibt *W. Foerster* über ihn . . . „Seine Neigung und Begabung richtete sich immer mehr auf die exacte Beobachtung atmosphärischer Erscheinungen, insbesondere des Polarlichtes, des Tierkreislichtes, der Dämmerung und der höchsten Wolken-Gebilde.“ (zit. nach [5]. S. 239). In diesem Satz steckt bereits die Bezeichnung „exacte Beobachtung“ und man kann *Jesse*'s Aufzeichnungen diese Kennzeichnung in der Tat voll und ganz zugestehen. Ähnlich wie *O. Jesse* arbeiteten später nur noch der deutsche Astronom *C. Hoffmeister* sowie besonders auch die sorgfältigen sowjetischen Beobachter.

Insbesondere der Initiative von *O. Jesse* ist es zu verdanken, daß bereits frühzeitig eine Sammlung der Beobachtungen aus dem Jahre 1885 durchgeführt wurde. In der seinerzeitigen amateurastronomischen Vereinigung „VAP“ wurde schließlich unter Leitung von *F. S. Archenhold, O. Jesse* und *W. Foerster* eine Arbeitsgruppe für Leuchtende Nachtwolken ins Leben gerufen. Die zunehmende Kränklichkeit von *O. Jesse* verhinderte die rasche Entfaltung dieser Arbeitsgruppe, so daß der weitere Arbeitsverlauf spätestens mit seinem Tode im Jahre 1901 einen raschen Abschluß fand. Die Hoffnung, daß *Jesse*'s wissenschaftlicher Nachlaß bald veröffentlicht würde, erfüllte sich jedoch nur teilweise.

Nach dem Ausscheiden von *O. Jesse* haben deutsche Beobachter nur noch sporadische Meldungen veröffentlicht. Lediglich an der Sternwarte Sonneberg verfolgte *C. Hoffmeister* neben den Erscheinungen des verstärkten Nachthimmelleuchtens auch die Nachtwolken.

Bei der Auswertung der Beobachtungen 1885–1941 ist zuerst nach deren Zuverlässigkeit zu fragen. Zuverlässigkeit heißt hierbei zunächst, ob die beobachteten Objekte tatsächlich Leuchtende Nachtwolken sind. Dies läßt sich bei jeder Einzelbeobachtung im gegenwärtigen Stadium nicht eindeutig sagen, so daß man einige möglicherweise unsichere Aufzeichnungen mit in die Auswertung einbezieht. Ausgesondert wurden vor

*) Herrn Prof. *James Paton* zum 70. Geburtstag in freundschaftlicher Wertschätzung gewidmet.

allem solche Fälle, bei denen die allgemeinen Angaben, wie z. B. Uhrzeit, Beschreibung etc. fehlten. Sodann ließen einige Beschreibungen eine große Ähnlichkeit mit Polarlichtern erkennen, so daß sie ebenfalls fortgelassen wurden. Schließlich wurden Aufzeichunngen von Gelegenheitsbeobachtern mit einiger Vorsicht behandelt.

Nicht überprüfbar waren die sich aus den medizinisch-psychophysischen Lehrbüchern ergebenden Täuschungsmöglichkeiten. Gerade dies wird für die Eindeutigkeit visueller Beobachtungen von großer Wichtigkeit- denn wer kann ermessen, wieviele Beobachtungen mit einem fehlerhaften Visus durchgeführt werden? Unter dieser Fragwürdigkeit leiden übrigens auch gegenwärtige Beobachtungsreihen.*)

Insgesamt gesehen dürfte sich jedoch die Anzahl eventueller Fehlbeobachtungen in einem Rahmen halten, so daß gravierende Fehler auszuschließen sind. In einer späteren revidierten Fassung eines deutschen Kataloges (mit Fotografien) werden alle Daten nochmals vorgestellt.

Das frühere deutsche Beobachtungsmaterial verdient es jedoch, in der gegenwärtigen Diskussion vorgestellt zu werden. Die Berücksichtigung dieser früheren Beobachtungen findet sich in Übereinstimmung mit den internationalen Bemühungen um Gewinnung guter Beobachtungsreihen. Hierzu sollen diese Aufzeichnungen ebenfalls einen Beitrag leisten.

A. Jahres- und tageszeitliche Häufigkeit

In den Jahren 1885–1941 wurden nur während der Sommermonate Beobachtungen der Leuchtenden Nachtwolken erzielt. Bereits *O. Jesse* wies frühzeitig auf die eng begrenzte Erscheinungszeit der Leuchtenden Nachtwolken hin. Zwar sind gelegentlich Nachtwolken-Meldungen aus den Monaten März–April bzw. September–Oktober gemeldet worden, jedoch ist in diesen Fällen nie ganz eindeutig gewesen, ob es sich hierbei tatsächlich um Nachtwolken handelte. Diese Daten sind deshalb nicht benutzt worden.

Die bevorzugte Häufigkeit der Leuchtenden Nachtwolken während der eigentlichen Sommermonate ergeben auch die neueren sowjetischen Aufzeichnungen (*N. I. Grišin* [6], *O. B. Vasilyev* [13], *C. Villmann* [14]). Die deutschen Beobachtungen lassen ferner erkennen, daß in unseren Breiten während der Wintermonate keine Nachtwolken auftreten. Zu einem etwas anderen Ergebnis kommen die sowjetischen Beobachter, denn sie wollen Leuchtende Nachtwolken auch während der Monate März bzw. September-Oktober gesehen haben. Hinsichtlich dieser Aufzeichnungen würde man sich eine Überprüfung durch einen sowjetischen Kenner wünschen.

Zusammenfassend ist demnach festzustellen, daß die Leuchtenden Nachtwolken vorzugsweise im Juni-Juli auftreten, wogegen sie im Winter fehlen.

Bemerkenswert ist noch, daß die meisten Beobachtungen zuerst vor Mitternacht gelangen. Dies ist offenbar darauf zurückzuführen, daß die Beobachter vorzugsweise in den Abendstunden beobachteten. Bei diesem inhomogenen Material sollte man weitergehende Schlüsse nicht ziehen.

B. Zur Kinematik

O. Jesse führte nach 1885 korrespondierende Beobachtungen und Fotografien durch, so daß er gewisse Rückschlüsse auf die Kinematik und Dynamik der Leuchtenden Nachtwolken erhielt.

Hinsichtlich der Bewegungsverhältnisse macht *O. Jesse* folgende Aussage: „Auch die Geschwindigkeit der Bewegung ist im allgemeinen starken Wechseln unterworfen; aber sie ist nachmitternachts durchschnittlich größer als vormitternachts. Nachmitternachts sind Geschwindigkeiten von 25 bis 200 m in der Sekunde vorgekommen, während vormitternachts dieselben zwischen Null und 85 m schwanken.“ (zit. nach [2], S. 140). Daß innerhalb einer Nachtwolke unterschiedliche bzw. entgegengesetzte Bewegungsverhältnisse anzutreffen sind, zeigt folgende Äußerung von *O. Jesse*: ... ein anderer und wohl größerer Theil auf die wirklichen Unterschiede der Geschwindigkeiten und Richtungen an verschiedenen Stellen der Wolken zurückzuführen ist.“ (zit. nach [8], S. 1042). An anderer Stelle sagt er dazu ... “Offenbar haben nicht nur schnelle Gesamtbewegungen der Wolken, sondern auch verschiedene Geschwindigkeiten und Richtungen der Bewegungen *innerhalb* derselben, verbunden mit starken Configurationsänderungen, stattgefunden, ...“ (zit. nach [8], S. 1036). Von Bedeutung ist schließlich auch seine folgende Aussage ... “Es zeigt sich nämlich in der Anordnung der einzelnen Theile der Wolken gegen die Bewegungsrichtung eine besondere Eigenthümlichkeit. Indem ich mir hierüber spätere eingehendere Mittheilungen vorbehalte, möchte ich für jetzt nur andeuten, daß besonders bei den sehr grossen Bewegungen die Streifen in der Weise angeordnet erscheinen, daß längere einander parallele Grate in der Richtung der Bewegung liegen, während rechtwinklig dazu eine größere Anzahl kürzerer Rippen auftreten.“ (zit. nach (8], S. 1043).

Auch die Werte in Tab. 1 zeigen, daß innerhalb der Nachtwolken extrem unterschiedliche Geschwindigkeitswerte erreicht werden. Generell kann man für die Verlagerung einer Leuchtenden Nachtwolke einen durchschnittlichen Wert von etwa 48 m/s in Richtung SW annehmen. Einzelmessungen, die Werte bis zu 300 m/s

*) Vgl. hierzu besonders *G. Dietze*. Gerl. Beitr. Geophys. 77 (1968), 128–140.

kennzeichnen, beziehen sich offenbar auf Einzelbewegungen von Punkten innerhalb einer Nachtwolke, nicht jedoch auf das gesamte Wolkensystem. Man vergleiche z. B. die Messungen vom 2. 7. 1889, die einmal einen Wert von 94 m/s, dann jedoch einen solchen zu 177 m/s wiedergeben.

Tabelle 1. *Geschwindigkeitswerte*

Datum	Zeit	v	Datum	Zeit	v
19. 7. 1885	8^h51	85	10. 7. 1890	14^h11	43
	8^h58	74			56
22. 7. 1885	8^h47	15			57
2. 7. 1889	13^h39	94			39
		177			40
		125			52
		131		14^h29	72
		137			74
		122			113
9. 7. 1889	13^h51	38			140
		33			99
6. 7. 1890	13^h41	49			54
		44			67
	14^h23	79			90
		76			44
		84	12. 7. 1894	13^h59	23
	14^h28	99			17
		69			61
9. 7. 1890	13^h29	47			36
		63			38
10. 7. 1890	13^h17	69			105
		73	18. 7. 1951[3]		43.6
	14^h11	24	12. 7. 1953[4]		84
		25			106
		28			121
					103

1) Von *O. Jesse.* – 2) Von *F. S. Archenhold.* –
3) Von *C. Hoffmeister.* – 4) Mitgeteilt von *L. Meier.*

Die besonders von *O. Jesse* vorgetragenen Bemerkungen über die raschen Bewegungsabläufe innerhalb einer Leuchtenden Nachtwolke werden auch durch spätere Betrachtungen bestätigt. Beispielsweise zeigen auch die Bemerkungen von *C. Hoffmeister* ein solches Verhalten der Nachtwolken.

Hinsichtlich der Zugrichtung der Leuchtenden Nachtwolken hat besonders *F. S. Archenhold* einen Beitrag geliefert und dabei auch unveröffentlichte Aufzeichnungen von *O. Jesse* verarbeitet. Er schreibt dazu: „So sind trotz der ziemlich großen Gesamtzahl der Beobachtungen Bewegungen aus südlichen Azimuten, und zwar von etwa SO bis SW nicht beobachtet worden. Die meisten Bewegungen erfolgen bei den vormitternächtlichen Erscheinungen aus den Azimuten + 48°, bei den nachmitternächtlichen aus den Azimuten + 63°. Außerdem deuten die vormitternächtlichen Beobachtungen auf ein sekundäres Maximum bei – 73° hin.“ (zit. nach [2], S. 141).

Bei der Auswertung der damaligen Fotografien wurden auch die unterschiedlichen Einzelformationen, bezeichnet als „Rippen“ oder „Grate“, erfaßt. *O. Jesse* hat die gesamte Erscheinung folgendermaßen geschildert: „Die Anordnung der einzelnen Wolkenteile war eine außerordentlich regelmäßige. Die Bewegung war von NNO nach SSW gerichtet; in dieser Richtung lagen lange, schmale, in Wirklichkeit anscheinend einander parallele Streifen oder Grate oder Polarbanden, deren scheinbarer Abstand voneinander im Zenit etwa 12° betrug während er nach dem Horizonte zu sich allmählich verringerte. An dem Horizonte scheinen sämtliche Grate sich in einem Punkte zu vereinigen, und das Phänomen gewährte hierdurch den Anblick eines riesigen Fächers. Die Zwischenräume der Grate waren durch kurze Querrippen ausgefüllt, deren Lage dem Augenschein nach genau rechtwinklig zu der Lage der Grate war, und die in einem Abstande von etwa 5° im Zenit voneinander entfernt waren.“ (zit. nach [2], S. 138).

F. S. Archenhold weist darauf hin, daß seinerzeit keine genauen Messungen stattgefunden haben, so daß hierfür keine ausführlichen Werte vorhanden sind. Für die Leuchtende Nachtwolke vom 12. 7. 1953 hat *L. Meier* folgende Ergebnisse mitgeteilt:

Richtung der Streifen	*Wellenlänge*
N 12° W	11,7 km
N 24° W	8,8 km
N 11° W	11,8 km

Diese Werte deuten auf die bevorzugten kürzeren Wellenlängen bei den Leuchtenden Nachtwolken hin, ein Befund, wie er auch von den neueren Beobachtungen bestätigt wird. Man findet nämlich, daß die kürzeren Wellenlängen bei 9 km wesentlich häufiger als die langen Werte ($L > 50$ km) vorhanden sind.

Die früheren deutschen Beiträge betrafen endlich auch die genaue Höhenvermessung der Leuchtenden Nachtwolken. Es ist festzustellen, daß *O. Jesse* derartige Untersuchungen erstmalig durchgeführt hat. In seiner Akademie-Arbeit legte er folgende Messungen vor:

12. 6. 1889	13^h	53^m	0^s	90.0 km	(13 Punkte)
2. 7.	13	21	0	79.2	(16 „)
	13	39	0	82.5	(20 „)
	13	44	0	79.7	(32 „)
	14	6	0	82.8	(12 „)
31. 7.	14	48	0	82.4	(15 „)

O. Jesse gibt aus den 108 verschiedenen Messungen einen Durchschnittshöhenwert von 82.8 km an.

Außer *O. Jesse* wurde seinerzeit von niemanden eine systematische Überprüfung der Höhen der Leuchtenden Nachtwolken durchgeführt. Seine Höhenmessungen sind jedoch in der Neuzeit wiederholt bestätigt worden, so daß heute als gesichert gelten kann, daß die durchschnittliche Höhe für die Wolken etwa 82 km beträgt. Beispielsweise wird dies auch durch die sowjetischen Forscher *M. A. Dirikis* und *E. E. Mukins* [3] bestätigt.

Die Beobachtungen der Jahre 1885–1941 geben gelegentlich ausführliche Beschreibungen an. Hinsichtlich der Farbe finden sich folgende Kennzeichnungen: glänzendweiß (30. 6. 1908), silberhell (1. 7. 1926), silberweiß. ungewöhnlicher Glanz (23. 6. 1885), intensiv silberfarben (11. 7. 1911), verfilzte, hellblauleuchtende cirrusartige Gebilde (12. 7. 1933).

Betrachtet man die Beschreibungen, so kommt man zu folgender Klassifikation:

Grundflächen,
Banden,
Rippenformation,
Zonen mit turbulenten Variationen.

Ersichtlich zeigt sich bei dieser Einteilung eine strenge Ähnlichkeit mit der deskriptiven Zuordnung von *N. I. Grišin,* der folgende Formationen unterscheidet:

I: Flächen,
II: Banden,
III: Wellen,
IV: Wirbel bzw. Zonen mit turbulenten Veränderungen.

Zusätzlich kann man solche Formen nehmen, die nicht eindeutig einer dieser Klasse zuzuordnen sind (anomal in dem Sinne, daß sie keiner dieser Klassen I bis IV angehören).

3. Ergebnisse

Fassen wir die Beobachtungen der Jahre 1885–1941 zusammen, so können wir folgende Erkenntnisse über die Leuchtenden Nachtwolken vortragen:

Beobachtungsdauer:	vornehmlich Juni–August,
durchschnittliche Höhe:	82.8 km,
Dauer einer Wolke:	von einigen Minuten bis zu Stunden,
Geschwindigkeit:	durchschnittlicher Wert bei 48 m/s, jedoch kommen auch größere Werte vor,
Wellenlängen:	vornehmlich bei 10 km,
vertikale Wellenamplitude:	wenige Kilometer.

Diese Ergebnisse werden durch neuere Studien weitgehend bestätigt, wenngleich gesagt werden muß, daß das neuere Material in einigen Fällen veränderte Ergebnisse erkennen läßt. Zusammenfassend ist jedoch festzuhalten, daß dieses zunächst sporadische Material geeignet ist, Auskunft über das Verhalten der Leuchtenden Nachtwolken während der Jahre 1885–1941 zu geben. Für langfristige Untersuchungen und Studien im internationalen Rahmen (vgl. hierzu [7]) sind jedoch gerade diese älteren Beobachtungen von großer Wichtigkeit

Man kann *Keil* nur zustimmen, wenn er davon spricht, . . . „daß eine Renaissance der Klimatologie mit einer neuen Würdigung der Beobachtungen beginnen muß . . .“ (zit. nach [10], S. 177). Wenn man in Analogie zu den von *H. Ertel* so hervorragend beschriebenen Entwicklungsphasen der Geophysik von „Entwicklungsphasen der Nachtwolkenforschung“ sprechen will, so gehören diese älteren Aufzeichnungen zu dem guten Grundlagenmaterial, denn der damalige Beobachterfleiß wird heutzutage nur noch von wenigen Kennern erreicht.

4. Ausblick

Aus dem behandelten Zeitraum liegen nur noch sowjetische Beobachtungsreihen (vgl. *Astapovič* [1] und *Vasilyev* [13] vor. Gemeinsam mit den damaligen deutschen Beobachtungen sind sie die einzigen Informationen über das Verhalten der Leuchtenden Nachtwolken während 1885–1941. Schon wegen dieser Verhältnisse wird die Bedeutung der behandelten Aufzeichnungen besonders deutlich.

Gegenwärtig werden an verschiedenen Punkten der Erde Beobachtungen der Leuchtenden Nachtwolken durchgeführt (vgl. IQSY *57* (67)). Durch internationalen Datenaustausch sowie weitere Kontakte ist zu hoffen daß die Kenntnisse über Leuchtende Nachtwolken weiterhin vertieft werden. Hierzu sollte auch dieser Beitrag dienen.

5. Statistik

Es ist bereits zu Beginn der Arbeit darauf verwiesen worden, daß es nicht immer möglich war, die Eindeutigkeit einer Beobachtung zu klären. Wenn nachfolgend trotzdem eine vorläufige Statistik veröffentlicht wird, so besonders deshalb, weil sie als Grundlage für weitere Überlegungen dienen kann. Die Daten entstammen dem Katalog (Z. f. Meteor. *19* (1967), 301–303, und *20* (1968), 372–379). Dort finden sich auch eingehende Literaturhinweise, so daß wegen Einzelheiten auf diese beiden Literaturstellen verwiesen sei.

Wünschenswert wäre es, wenn etwaige, hier nicht aufgeführte Beobachtungstage dem Verfasser mitgeteilt werden. Erwünscht sind auch evtl. Fotografien. Für alle diesbezüglichen Fragen steht der Verfasser gerne zur Verfügung.

Tabelle 2

Jahr	Beobachtungstage mit Nachtwolken	Jahr	Beobachtungstage mit Nachtwolken
1885	Juni: 8., 23., 24., 25., 27., 30.	1910	Juni: 24.
	Juli: 1., 2., 6., 7., 8., 9., 17., 21., 22., 23., 27.		Juli: 17.
1886	Juni: 5., 8., 10., 13., 23., 24., 28.	1911	Juni: 24.
	Juli: 3., 11., 12., 18., 20., 25., 27., 29., 30.		Juli: 4., 11.
1887	Juni: 4., 6., 16., 19., 20., 25., 26., 29.	1914	Juni: 27.
	Juli: 2., 3., 6., 7., 10.	1920	Juni: 29., 30. (?)
1888	Juni: 22.	1922	Juni: 21.
	Juli: 4.	1926	Juli: 1.
1889	Juni: 12., 22.	1927	Juni: 21.
	Juli: 2., 9., 24., 31.	1932	Juli: 7.
1890	Juli: 4., 6., 9., 10., 24.	1933	Juli: 7., 12.
1891	Juni: 25.	1934	Juni: 30.
	Juli: 24.	1935	Juni: 16., 29.
1892	Juli: 8.		Juli: 7., 16., 18.
1893	Juni: 15., 16.	1936	Juni: 17., 20., 21.
	Juli: 8. (?)		Juli: 17., 18.
1894	Juli: 12.	1937	Juni: 27.
1902	Juli: 2.	1941	Juni: 17
1908	Juni 30.		
	Juli: 1.		

Literatur

[1] *Astapovič, I. S.*, Svodka nabljudenij serebristich oblakov v Rossii i v SSR v 1885 po 1944 g. Tr. soveščanija po serebristym oblakam. Riga 1961, S. 49–92.
[2] *Archenhold, F. S.*, Die leuchtenden Nachtwolken und bisher unveröffentlichte Messungen ihrer Geschwindigkeit. Das Weltall *27* (1928), 137–144.
[3] *Dirikis, M. A.*, und *E. E. Mukins*, Opredelenie proekciz serebristich oblakov na poverchnost' zemli. Meteor. Issl. Nr. 12 (1966), 52–56.
[4] *Ertel, H.*, Entwicklungsphasen der Geophysik. Vorträge und Schriften der DAW H. 53 (1953).
[5] *Foerster, W.*, Anzeige des Todes von Otto Jesse. AN *3711*, 239.
[6] *Grišin, N. I.*, O strukture serebristych oblakov. Met. i Gidr. Nr. *1* (1955), 23.
[7] IQSY *57* (67).
[8] *Jesse, O.*, Untersuchungen über die sogenannten leuchtenden Wolken. S.-B. Preuß. Akad. Wiss. zu Berlin 1891, 1031–1044.
[9] *Jesse, O.*, Die Höhe der leuchtenden Nachtwolken. AN *140* (1896), 161–168.
[10] *Keil, K.*, Renaissance der Klimatologie II. Meteor. Rdsch. *17* (1964), 177–178.
[11] *Meier, L.*, Bearbeitung einer Erscheinung von Leuchtenden Nachtwolken am 12. Juli 1953. Die Sterne *31* (1955), 230–234.
[12] *Schröder, W.*, Zur Frage der eindeutigen Zuordnung von Leuchtenden Nachtwolken und Polarlichtern. Meteor. Rdsch. *21* (1968), 178–180.
[13] *Vasilyev, O. B.*, Astrofiziceskie issledovanija serebristych oblakov. Inform. soobščenie (Moskva) Nr. 4 (1967).
[14] *Villmann, C.*, Nektorye soobrazenija proischozdenii serebristych oblakov. Tr. soveščanija po serebristym oblakam. Tallinn 1962, 151–155.

Anschrift: W. Schröder, Bremen-Rönnebeck, Hechelstraße 8

551.593.653

Hinweise zur Beobachtung der Leuchtenden Nachtwolken

Von **W. Schröder**

Zusammenfassung: Diese Arbeit enthält Hinweise zur Beobachtung der Leuchtenden Nachtwolken.

Summary: This paper deals with the procedure of noctilucent cloud observations.

1. Einleitung

Unter dem Titel „Aufforderung zur Beobachtung der Leuchtenden Nachtwolken" erschien im Jahre 1892 in der früheren „Meteorologischen Zeitschrift" ein Aufruf von *O. Jesse* und *W. Foerster* für den deutschsprachigen Raum. Der Erfolg dieses Aufrufes war recht begrenzt. Zwar bestand in der früheren amateurastronomischen Vereinigung „VAP" eine Arbeitsgruppe (Gruppe 6), die sich unter Leitung von *F. S. Archenhold, W. Foerster* und *O. Jesse* mit der Beobachtung der Leuchtenden Nachtwolken beschäftigen wollte; jedoch ist über ihre Aktivität nicht viel veröffentlicht worden. Lediglich *W. Foerster* gab im Jahre 1908 noch einen kurzen Überblick der Beobachtungen.

Es war wohl das Ableben von *O. Jesse* (1901), das für das Scheitern dieser Arbeitsgruppe verantwortlich war. Mit seinem Tode war der entscheidende Forscher verstorben und die Tätigkeiten über Leuchtende Nachtwolken ließen weitgehend nach.

Nach dem Tode von *O. Jesse* lassen sich in der damaligen deutschen Literatur nur sporadische Berichte über Leuchtende Nachtwolken finden. Von den früheren Autoren seien nur die Beiträge von *F. S.* und *G. Archenhold, H. R. Scultetus* sowie von *H. Wörner* erwähnt. Besondere Aufmerksamkeit widmete über einen längeren Zeitraum *C. Hoffmeister* (1892–1968) den Leuchtenden Nachtwolken. Er bezog die Leuchtenden Nachtwolken in das Überwachungsprogramm des sog. „Verstärkten Nachthimmelleuchtens" ein, so daß auch alle evtl. auftretenden Leuchtenden Nachtwolken erfaßt wurden. Von *C. Hoffmeister* stammen verschiedene gute Aufnahmen und Beiträge zum Problem der Leuchtenden Nachtwolken.

Insgesamt betrachtet, handelt es sich bei den seinerzeitigen deutschen Beiträgen jedoch um solche, die nur sporadischen Charakter tragen. Trotzdem sind diese Beobachtungen, die überdies allesamt katalogisiert erfaßt worden sind (*Schröder*: Z. f. Met., *19* (1967), 301–303; *20* (1968), 372–379), heute besonders wertvoll, fallen sie doch in eine Zeit, in der nirgendwo auf der Erde systematische Studien betrieben wurden. Insofern bilden die weit über hundert deutschen Daten einen wichtigen Beitrag zur Erforschung der Leuchtenden Nachtwolken.

Man muß dies um so mehr würdigen, weil während der Jahre 1885–1950 nirgends fortlaufende Beobachtungen angestellt wurden. Aus dem amerikanischen Raum hat lediglich *E. H. Vestine* eine Leuchtende Nachtwolke beschrieben, während in England *J. Paton* ab 1939 Beobachtungen betrieb. In Skandinavien hatte *C. Störmer* in den dreißiger Jahren die Überwachung der Leuchtenden Nachtwolken mit seinen Polarlichtmessungen gekoppelt. Schließlich wurde von *M. Båth* im Jahre 1941 das Auftreten von Leuchtenden Nachtwolken beschrieben. Es ist zu sehen, daß bei diesen sporadischen Unternehmungen die seinerzeitigen deutschen Daten in der gegenwärtigen Diskussion einen wertvollen Beitrag darstellen.

2. Der gegenwärtige Status

In der deutschsprachigen Literatur sind seit 1945 selten Beobachtungen bzw. Beiträge über Leuchtende Nachtwolken veröffentlicht worden. Eine der letzten Meldungen über eine beobachtete Leuchtende Nachtwolke stammt von *H. Mrose* (Z. f. Met., *18* (1966), 460). Erörterungen über Leuchtende Nachtwolken finden sich fernerhin in den wertvollen Beiträgen von *G. Kohl* und *G. Dietze.*

Gegenwärtig lassen sich internationale Bestrebungen erkennen, die eine weltweite Beobachtung der Leuchtenden Nachtwolken anstreben. Es ist beabsichtigt, daß von möglichst vielen Punkten der Erde aus Beobachtungen durchgeführt werden, denn die gegenwärtigen Beobachtungsdienste weisen eine weitgehend inhomogene Verteilung auf. Weiter ist zu bedenken, daß bei den ungünstigen Wetterbedingungen, z. B. in Mitteleuropa, eine lückenlose Überwachung nur dann erreicht werden kann, wenn sich möglichst viele Beobachter an vielen Orten daran beteiligen, wodurch auch das „Wetterrisiko" niedrig gehalten werden kann.

In der derzeitigen Forschungssituation müssen insbesondere die führenden sowjetischen Beiträge hervorgehoben werden. Seit mehreren Jahren existiert in der UdSSR unter Mitwirkung des Hydrometeorologischen Dienstes sowie der Akademie der Wissenschaften eine laufende Überwachung dieser Objekte. Die sowjetischen Daten, die wiederholt in Veröffentlichungen publiziert sind, stehen jedem interessierten Forscher somit zur Verfügung. Das sowjetische Beobachtungsnetz wird derzeit u. a. durch *Ch. Willmann* koordiniert.

Neben diesem sowjetischen Dienst sind noch die Bemühungen des englischen Kenners *James Paton* zu erwähnen, der seit 1939 seine Aufmerksamkeit den Leuchtenden Nachtwolken zuwendet. Er veröffentlicht alljährlich die ihm erreichbaren Daten in einem Bericht.

Ersichtlich liegt jedoch für den mitteleuropäischen Raum kein systematischer Dienst vor. Die Einschaltung des routinemäßigen Wetterdienstes wird wegen der anfallenden, zusätzlichen Arbeit nur schwerlich zu realisieren sein. Es bietet sich deshalb nur die sporadische oder systematische Mitarbeit interessierter Kollegen bzw. Naturfreunde an. Gerade im mitteleuropäischen Raum sind Beobachtungen der Leuchtenden Nachtwolken dringend erwünscht, so daß alle interessierten Personen zur Mitarbeit gebeten werden. Es sollte zumindest erreicht werden, daß etwaige Beobachtungen von Leuchtenden Nachtwolken nicht unpubliziert bleiben, denn jede Meldung über das Vorhandensein einer Leuchtenden Nachtwolke ist bereits wertvoll. Wünschenswert wäre es, wenn der Beobachter weitere Einzelheiten über das beobachtete Objekt mitteilen könnte.

3. Durchführung der Beobachtungen

Generell gesehen, ist mit dem Auftreten der Leuchtenden Nachtwolken während der Monate Mai-August zu rechnen, wobei sich das Maximum ihrer Häufigkeit im Monat Juli feststellen läßt. Bei der Beobachtung einer Leuchtenden Nachtwolke sollten folgende Einzelheiten mitgeteilt werden:

A.) Beobachtungsort und dessen Koordinaten;
Beobachtungszeit.

B.) Scheinbarer Ort der Leuchtenden Nachtwolke am Himmel:
höchster Punkt über dem Horizont;
niedrigster Punkt über dem Horizont;
äußerste westliche und östliche Grenze des Nachtwolkenfeldes.
Die azimutalen Angaben sollten gemacht werden unter Verwendung von N = 0°, E = 90°, S = 180° und W = 270°.

C.) Bei der Beobachtung lassen sich im Nachtwolkenfeld Unterschiede in dessen Struktur erkennen. Es werden dabei folgende Formen unterschieden:

I (*Flächen*): Wie bereits der Name sagt, handelt es sich hierbei um flächenhafte, oftmals konturlose Erhellungen.
II (*Banden*): Es sind dies lange Banden, die oftmals gegeneinander parallel verlaufen.
III (*Wellen*): Sie erscheinen oftmals wie die Wellen auf der Wasseroberfläche und können sich inmitten der Banden befinden.
IV (*Wirbel*): Es sind dies diffuse Erscheinungen, die oftmals den Eindruck vermitteln, als handele es sich hierbei um turbulente Vorgänge im Nachtwolkenfeld.

Außerhalb dieser vier Formen lassen sich gelegentlich auch solche Formationen erkennen, die offenbar keiner der Gruppen *I* bis *IV* zuzuordnen sind. Diese können als *anomale Formen* notiert werden.

D). Bei der Helligkeit unterscheidet man grob:
(1) Schwache Erscheinung, die nur bei sorgfältigster Beobachtung zu erkennen ist.
(2) Die Wolken lassen sich mühelos sehen, jedoch ist ihre Helligkeit immer noch gering.
(3) Die Wolken lassen sich klar erkennen.
(4) Die Wolken sind hell und erwecken allgemeine Aufmerksamkeit.
(5) Die Wolken sind hell und auffällig.

E.) Die Beobachtungsmeldung sollte auch Angaben über den allgemeinen Himmelszustand enthalten. Es können dabei die üblichen meteorologischen Notierungen verwendet werden.

F.) Fotografien sind sehr erwünscht und lassen sich mit den heutigen handelsüblichen Apparaten (etwa 1:2,8) leicht durchführen.

4. Überprüfung

Es muß festgestellt werden, daß es gegenwärtig keine objektiven Methoden gibt, die eine eindeutige Überprüfung der Beobachtung zulassen. Was gelegentlich in der Literatur als „Test" bezeichnet wird, kann allenfalls als praktische Faustregel klassifiziert werden; erfüllt aber niemals die strengen Anforderungen eines wissenschaftlichen Tests (vgl. zum Problem z. B.: *D. O. Hebb*, *P. R. Hofstätter* und *G. A. Lienert*).

Die bisherigen praktischen Faustregeln implizieren insbesondere den negativen Sonnenstand am Ort des Beobachters. Bisherige Beobachtungen zeigten, daß die Leuchtenden Nachtwolken nur dann auftreten, wenn der negative Sonnenstand sich im Intervall 6–16° unterhalb des Horizonts befindet. Ferner wird gefordert, daß eine Einzelbeobachtung durch eine benachbarte Station bestätigt wird.

Ersichtlich lassen diese Faustregeln die gesamten Erkenntnisse der medizinisch-psychophysischen Forschung unberücksichtigt.

Grundsätzlich sollte man davon ausgehen, daß der Beobachter mit einem adaptierten Visus (10/10) seine Beobachtungen durchführt. Gerade die Nichtberücksichtigung der Adaptation kann zu Fehlbeobachtungen führen. Hinsichtlich dieses Themas hat sich G. Dietze (Durch die Sehleistung des Auges bedingte zeitliche und räumliche Grenzen für die Sichtbarkeit Leuchtender Nachtwolken, Gerl. Beitr. Geophys., 77 (1968) 128–140) verdient gemacht, so daß auf seine diesbezügliche Studie verwiesen sei.

Der Beobachtungsort sollte so gewählt werden, daß Täuschungen durch irdische Lichtquellen auszuschließen sind.

Andere Himmelerscheinungen, wie z. B. das Polarlicht, lassen sich leicht gegenüber den Leuchtenden Nachtwolken unterscheiden. In den mitteleuropäischen Breiten ist nur während eines Sonnenfleckenmaximums und dann vornehmlich im Frühjahr und im Herbst mit dem Auftreten der Polarlichter zu rechnen; ein Ergebnis das auch aus der geomagnetischen Jahresstatistik zu erkennen ist (*J. Meyer*). Da die Polarlichter in der Regel eine rasch wechselnde Struktur zeigen, lassen sie sich ebenfalls einfach von den Leuchtenden Nachtwolken unterscheiden.

Es wäre wünschenswert, daß der Beobachter in seinem Beobachtungsprotokoll etwaige zweifelhafte Erscheinungen vermerkt, so daß sich bei der Überprüfung der Aufzeichnung eine weitere Kontrolle anschließen läßt.

5. Schlußbemerkung

Es wäre erfreulich, wenn sich möglichst viele Kollegen und interessierte Naturfreunde angesprochen fühlen würden und auf das Auftreten der Leuchtenden Nachtwolken achten.

Der Verfasser wäre für alle Mitteilungen dankbar.

Literatur

[1] *Hamburger, F. A.*, Das Sehen in der Dämmerung. Wien: Springer-Verl., 1949, 185.
[2] *Hebb, D. O.*, Einführung in die moderne Psychologie. Weinheim: Beltz-Verl., 1969, 407.
[3] *Hofstätter, P. R.* (Hrsg.), Psychologie. Frankfurt/M: Fischer, 1966, 367.
[4] *Lienert, G. A.*, Testaufbau und Testanalyse. Weinheim: Beltz, 1961.
[5] *Meyer, J.*, Zur 27täglichen Wiederholungsneigung der erdmagnetischen Aktivität, erschlossen aus den täglichen Charakterzahlen C8 von 1884–1964. Berlin/Heidelberg/New York: 1965, 80.

Anschrift: W. Schröder, Bremen-Rönnebeck, Hechelstraße 8

551.521.1/.3(430.2–37.734)

Originalmitteilung

Zehnjährige Messungen der Zirkumglobalstrahlung in Tharandt-Wildacker

Mit 1 Abbildung

Von G. Flemming

Vor einigen Jahren wurde bereits über fünfjährige Messungen der Zirkumglobalstrahlung in Tharandt-Wildacker berichtet [1]. Die Meßreihe konnte inzwischen auf 10 Jahre erweitert werden. Die neuen Ergebnisse sollen im folgenden mitgeteilt werden. Eine neue Diskussion erscheint nicht erforderlich, weil die damals weitgehend deduktiv abgeleiteten Grundregeln und ihr Vergleich mit den Meßergebnissen keine grundsätzlichen Änderungen oder Zusätze verlangen. Auch einige meßtechnische Probleme und theoretische Zusammenhänge wurden schon an anderer Stelle [2] behandelt.

Die Messungen geschahen auf der Waldstation Wildacker des Lehrgebiets Meteorologie des Bereichs Hydrologie und Meteorologie der Sektion Wasserwesen an der Technischen Universität Dresden (früher: Institut für Forstliche Meteorologie und Klimakunde). Die Meßreihe umfaßt den Zeitraum Juli 1959 bis Juni 1969. Meßort war der 20 m hohe Beobachtungsturm auf dem Wildacker, einer etwa 150 × 65 m großen waldumgebenen Waldwiese (50° 58′ N, 13° 34′ E, 385 m NN). Eine Horizontüberhöhung ist nur in den Richtungen SW-W-NW vorhanden und beträgt etwa 5 bis 10°, nur stellenweise etwas mehr. Als Meßinstrumente dienten Bellani-Kugelpyranometer der Firma *Tischer* (Ilmenau). Während des Winters kamen alkoholgefüllte Exemplare zum Einsatz, im Sommer wassergefüllt. Gemessen wurde nicht nur die Zirkumglobalstrahlung Q, sondern auch die Globalstrahlung G (ventiliertes Solarimeter) und daraus das Verhältnis $k = Q/G$ ermittelt.

Das wichtigste Ergebnis der zehnjährigen im Vergleich zur fünfjährigen Reihe besteht darin, daß die einzelnen Mittelwerte repräsentativer für das Klima im strengen Sinn des Wortes sind und daß die Jahreskurven der Monatswerte ausgeglichener werden. Der Unterschied ist aber wiederum nicht so groß, daß 5jährige Reihen für eine Annäherung an das Klima im strengen Sinn als wertlos bezeichnet werden müßten. Tabelle 1 und Abb. 1 stellen den Jahresgang der Zirkumglobalstrahlung dar, ausgedrückt durch Monatswerte aller, heiterer und trüber Tage. Während bei dem Mittel aller Tage nach der fünfjährigen Reihe einige Monate (Februar, Mai, Juni, Juli) sich schlecht in den Jahresgang einpaßten, sind die Verhältnisse in der zehnjährigen Reihe im allgemeinen ausgeglichener, d. h. günstiger. Nach wie vor fällt – bedingt durch zahlreiche heitere Tage – der September durch relativ hohe Werte auf. Auch die trüben August- und Septembertage zeigen – infolge dünner Wolkendecken – ziemlich hohe Strahlungswerte. Bei den heiteren und trüben Tagen ist der Unterschied beider Meßreihen naturgemäß meist geringer als im Mittel aller Tage, weil in diesen Fällen die physikalisch-meteorologischen Bedingungen einheitlicher sind. Für die heiteren Tage erscheinen die März- und Oktoberwerte jedoch wesentlich reeller als die alten, ebenso für die trüben Tage der Juniwert.

Mit den Daten der zehnjährigen Reihe ist ein Vergleich zu anderen Stationen, wie er schon bei [1] sowie von anderen Autoren (z. B. [3], [4]) durchgeführt wurde, leichter und genauer möglich. In Bad Soden (Taunus) ergibt sich ein ganz ähnlicher Jahresgang der Zirkumglobalstrahlung wie in Tharandt [3]. Der Hohenpeißenberg (Oberbayern) hat im Frühjahr und Sommer größenordnungsmäßig etwa 20% höhere Werte als Tharandt aufzuweisen. In Basel (Schweiz) wird vom Juli bis September

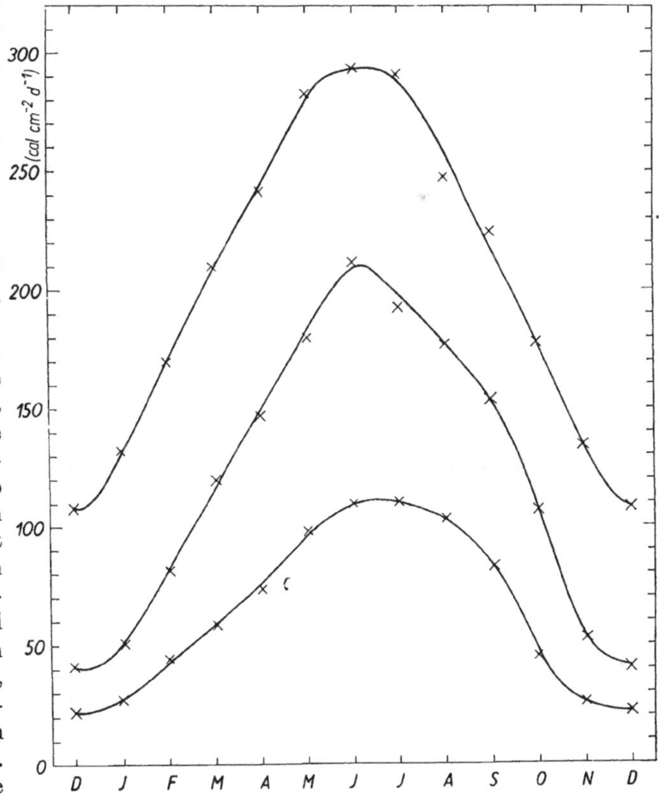

Abb. 1. Jahresgang der Zirkumglobalstrahlung in Tharandt-Wildacker an allen heiteren und trüben Tagen

mehr Zirkumglobalstrahlung gemessen als in Tharandt, was sicherlich auf geringere Bewölkung zurückzuführen ist. In Bergen (Norwegen) finden sich im Herbst infolge starker Bewölkung geringere Werte als in Tharandt. Helsinki (Finnland) erhält im Frühjahr und Frühsommer (zum Teil als Folge großer Tageslängen) mehr, im Herbst weniger Strahlung als Tharandt. Im Winter sind die Tharandter Werte im Vergleich zu den nordeuropäischen Stationen infolge der südlicheren Lage relativ hoch. Ähnliches gilt im Vergleich zu den anderen mitteleuropäischen Stationen infolge der späten Schneeschmelze auf der strahlungs- und windgeschützten Waldwiese nach Schneedeckenperioden.

Tabelle 2 stellt den Einfluß der Schneedecke auf die Tagessummen der Zirkumglobalstrahlung dar. Infolge der relativ geringen Zahl der jeweils vorhandenen Tage sind die Zahlenwerte immer noch etwas unsicher. Die Ergebnisse der zehnjährigen Reihe entsprechen grundsätzlich weitgehend den früheren. Der Wert für heitere Tage des März ohne Schneedecke ist nach den neuen Ergebnissen jedenfalls besser als nach den alten.

In den Tabellen 3 und 4 ist die Häufigkeitsverteilung von Tageswerten in arithmetischer und logarithmischer Klasseneinteilung wiedergegeben. Gegenüber der fünfjährigen Bearbeitung ergeben sich keine wesentlichen Änderungen. Nur selten verschieben sich die Häufigkeitsmaxima um eine Klasse. Insgesamt werden die Verteilungen gleichmäßiger.

Das Verhältnis der Zirkumglobalstrahlung zur Globalstrahlung (Tabelle 5) ist nach der zehnjährigen Reihe ebenfalls nur unwesentlich anders als nach der fünfjährigen. Im allgemeinen überwiegt eine leichte Erhöhung, das Verhältnis $k = Q/G$ wächst um 1 bis 2 Prozenteinheiten. Dieser Wert liegt jedoch sowieso innerhalb der Fehlergrenze.

Auch die Ermittlung des Einflusses der Schneedecke auf das Verhältnis der Zirkumglobalstrahlung zur Globalstrahlung (Tabelle 6) zeigt keine wesentlichen Differenzen zwischen der zehnjährigen und der fünfjährigen Meßreihe. Sicherer ist naturgemäß die zehnjährige Reihe. Deutlicher als in der fünfjährigen Reihe kommt das plausible Ergebnis zum Ausdruck, daß bei hohem Sonnenstand (März) der Schneedeckeneinfluß stärker ist als bei niedrigem (Dezember).

Wie zu erwarten war, sieht die Häufigkeitsverteilung täglicher k-Werte (Tabelle 7) für die zehnjährige Reihe im Prinzip ebenso aus wie für die fünfjährige.

Eine Fortsetzung der 10jährigen Meßreihe ist nicht beabsichtigt, weil sich die Forschungsarbeit des Bereichs Hydrologie und Meteorologie anderen Schwerpunkten zugewandt hat. Jedoch dürfte schon die zehnjährige Meßreihe für viele Interessenten von Nutzen sein.

Tabelle 1. *Mittlere Tagessummen der Zirkumglobalstrahlung* ($cal\ cm^{-2}d^{-1}$)

	Jan.	Febr.	März	April	Mai	Juni	Juli	Aug.	Sept.	Okt.	Nov.	Dez.
Alle Tage	51	82	120	147	180	212	193	177	154	106	52	41
Heitere Tage	132	170	210	242	283	294	291	248	225	178	135	109
Trübe Tage	28	44	59	73	98	109	109	103	72	45	25	22

Tabelle 2. *Einfluß der Schneedecke auf die Tagessummen der Zirkumglobalstrahlung* ($cal\ cm^{-2}d^{-1}$)

	Dez.	Jan.	Febr.	März
Alle Tage				
ohne Schneedecke	40	44	74	114
mit Schneedecke	42	53	84	127
Heitere Tage				
ohne Schneedecke	104	117	165	198
mit Schneedecke	118	135	173	224
Trübe Tage				
ohne Schneedecke	17	21	33	53
mit Schneedecke	25	30	47	66

Tabelle 3. *Häufigkeitsverteilung täglicher Zirkumglobalstrahlungssummen bei arithmetischer Klasseneinteilung*

Klasse	Jan.	Febr.	März	April	Mai	Juni	Juli	Aug.	Sept.	Okt.	Nov.	Dez.	Jahr
0– 25	103	46	17	10	2	1	1	2	4	43	120	155	504
26– 50	87	63	42	25	11	9	8	6	22	33	53	56	415
51– 75	44	47	44	26	18	8	4	10	20	33	44	39	337
76–100	29	38	32	29	19	9	17	18	25	32	33	36	317
101–125	27	24	27	40	30	16	28	25	32	40	33	21	343
126–150	17	23	35	34	29	25	31	44	32	38	15	3	326
151–175	3	28	40	34	39	19	32	41	46	38	2		322
176–200		11	30	27	35	35	33	49	50	37			307
201–225		2	21	34	26	31	47	37	37	11			246
226–250		1	15	20	40	41	39	42	25	5			228
251–275			6	13	30	37	31	25	7				149
276–300			1	8	21	41	30	8					109
301–325					6	19	6	3					34
326–350					4	8	2						14
> 350						1	1						2

Tabelle 4. *Häufigkeitsverteilung täglicher Zirkumglobalstrahlungssummen bei logarithmischer Klasseneinteilung*

Klasse	Jan.	Febr.	März	April	Mai	Juni	Juli	Aug.	Sept.	Okt.	Nov.	Dez.	Jahr
0– 6	2									1	12	19	34
7– 8	11	3	2							6	16	14	52
9– 10	11	1								5	14	13	44
11– 13	17	10	2	1						4	17	22	73
14– 16	18	6	2	2	1	1				3	21	28	82
17– 20	23	12	5	4					1	13	19	25	102
21– 25	21	14	6	3	1		1	2	2	6	17	37	104
26– 32	26	12	13	10	4	1	3		7	11	18	20	125
33– 40	37	26	14	9	5	3	3	1	9	12	21	18	158
41– 50	24	24	15	5	2	5	2	6	4	16	18	24	145
51– 63	21	22	24	14	16	3	2	7	6	17	32	19	183
64– 79	24	27	24	14	5	6	8	7	15	17	20	24	191
80–100	28	36	28	25	16	8	11	18	23	29	31	30	283
101–126	28	26	28	41	32	16	30	32	34	43	30	20	360
127–158	19	32	44	40	43	35	40	47	47	54	12	3	416
159–199		27	60	51	59	53	55	77	88	55	2		527
200–251		5	36	61	69	78	87	80	60	18			494
252–316			7	20	53	80	64	33	4				261
317–398					4	11	4						19

Tabelle 5. *Verhältnis der Zirkumglobalstrahlung zur Globalstrahlung k (%)*

	Jan.	Febr.	März	April	Mai	Juni	Juli	Aug.	Sept.	Okt.	Nov.	Dez.
Alle Tage	77	69	59	49	48	47	47	50	55	63	69	78
Heitere Tage	96	73	58	49	47	45	47	48	55	66	82	97
Trübe Tage	63	63	56	49	50	51	50	52	54	57	56	62

Tabelle 6. *Einfluß der Schneedecke auf das Verhältnis der Zirkumglobalstrahlung zur Globalstrahlung k (%)*

	Dez.	Jan.	Febr.	März
Alle Tage				
ohne Schneedecke	76	72	63	53
mit Schneedecke	80	78	72	66
Heitere Tage				
ohne Schneedecke	96	90	67	55
mit Schneedecke	99	96	76	63
Trübe Tage				
ohne Schneedecke	55	55	53	50
mit Schneedecke	67	65	64	59

Tabelle 7. *Häufigkeitsverteilung täglicher prozentualer k-Werte (Verhältnis der Zirkumglobalstrahlung zur Globalstrahlung)*

Klasse	Jan.	Febr.	März	April	Mai	Juni	Juli	Aug.	Sept.	Okt.	Nov.	Dez.	Jahr
< 30	1										1	1	3
30– 34	1	1		4	2			1	2	1	4	6	22
35– 39	3	2	5	16	17	14	18	6	2	8	12	8	111
40– 44	10	6	20	49	58	66	55	27	9	15	37	20	372
45– 49	16	21	36	93	99	98	133	115	42	15	19	20	707
50– 54	30	26	52	90	77	79	72	96	99	49	30	29	729
55– 59	26	33	70	27	33	24	19	38	90	40	37	24	455
60– 64	25	33	42	11	13	9	6	12	24	62	37	28	302
65– 69	30	40	25	5	5	6	3	9	18	56	34	24	255
70– 74	31	34	10	4	3	2	3	3	7	25	29	24	175
75– 79	30	33	11	1				2	5	22	19	21	144
80– 84	21	23	16		1	1	1		1	10	18	22	114
85– 89	23	8	5					1		6	11	18	72
90– 94	13	8	8		1				1	1	6	15	53
95– 99	19	4									8	15	46
100–104	11	6	8								2	10	37
105–109	8	2	1								2	3	16
110–114	3	1	1									6	11
115–119	4											5	9
120–124	1	1				1						3	6
125–129	1											5	6
130–134	2				1								3
135–139													
140–144	1	1										1	3
145–149													
150–154												1	1
155–159													
160–164													
165–169												1	1

Literatur

[1] *Flemming, G.*, Fünfjährige Messungen der Zirkumglobalstrahlung und der kurzwelligen Strahlung aus seitlichen Halbräumen in Tharandt-Wildacker. Z. Meteor. *18* (1965), 107–118.
[2] *Flemming, G.*, Anwendungsmöglichkeiten des Kugelpyranometers Bellani, insbesondere in der Forstmeteorologie. Wiss. Z. Techn. Hochsch. Dresden *9* (1959/60), 1057–1068.
[3] *Wachter, H.*, Häufigkeitsverteilungen der Zirkumglobalstrahlung in Bad Soden im Taunus. Ann. Meteor. N. F. *3* (1967), 191–196.
[4] *Flach, E.*, Vergleichende bioklimatologische Untersuchungen zum Verhalten der Sonnenscheindauer und der kurzwelligen Wärmestrahlung im Hochgebirge und Flachland. Z. angew. Bäder- u. Klimaheilk. *15* (1968), 11–35.

Anschrift: Dr. habil. Günther Flemming, Technische Universität Dresden, Sektion Wasserwesen, Bereich Hydrologie und Meteorologie, Lehrgebiet Meteorologie, 8027 Dresden, George-Bähr-Str. 1

Besprechungen

Chapman, S., und R. S. Lindzen: Atmospheric Tides (Atmosphärische Gezeiten). D. Reidel Publishing Company, Dordrecht (Holland) 1970, 200 Seiten, 63 Abbildungen, 24 Tabellen, 10,50 S

Vielleicht ausgehend von der Tatsache, daß trotz aller Fortschritte in der Theorie der Gezeiten in der Atmosphäre noch immer – oder auch gerade deswegen – eine Reihe von Problemen als nicht geklärt angesehen werden muß, haben zwei sehr bekannte, kongeniale Mitarbeiter die zur Besprechung vorliegende Monographie erarbeitet.

Etwa zu derselben Zeit, als *W. O. Roberts* vom National Center for Atmospheric Research der Vereinigten Staaten von Amerika zu Ehren des 80. Geburtstages des großen Gelehrten Prof. *Chapman* schrieb „the name of Sidney Chapman stands out boldly thronghont the whole modern history of the atmospheric sciences ...“, wird Prof. *Chapman* an diesem Buch gearbeitet haben. – Wir müssen heute anmerken, daß es wohl seine letzte große Arbeit war, da Prof. *Chapman* seit dem 16. 6. 1970 nicht mehr unter uns weilt.

Den unter anderem durch viele grundsätzliche Beiträge zur Gezeitentheorie anerkannten hervorragenden jungen Theoretiker *R. S. Lindzen* vorzustellen, ist natürlich ebensowenig notwendig.

Das Buch gliedert sich in drei Kapitel. Im ersten Kapitel werden die Geschichte der Entdeckung des Phänomens und alle im Laufe der Jahrhunderte entwickelten Hypothesen und Theorien zur Ursache und Erklärung beschrieben.

Das zweite Kapitel setzt sich aus zwei Teilen zusammen. Im ersten Teil werden die durch die Sonne verursachten atmosphärischen Schwingungen mit der Periode eines Tages oder Teilen davon, wie sie sich in den meteorologischen Daten offenbaren, behandelt. Der zweite Teil beschäftigt sich mit den durch den Mond hervorgerufenen atmosphärischen Gezeiten, ebenfalls auf der Grundlage der unter diesem Aspekt analysierten meteorologischen Daten. Dabei sind als meteorologische Daten im wesentlichen der Luftdruck und die Lufttemperatur in den verschiedensten Höhen anzusehen. Darüber hinaus erstreckt sich im ersten Teil die durchgeführte Betrachtung auch auf Winddaten, im zweiten Teil zusätzlich auf geomagnetische Erscheinungen.

Das dritte Kapitel schließlich bringt eine quantitative Theorie der atmosphärischen Gezeiten. Die groß angelegte Betrachtung umfaßt sowohl die gravitationsbedingten als auch die durch thermische Vorgänge erzwungenen Gezeitenbewegungen in der Atmosphäre.

Das erste und zweite Kapitel wurden mit Ausnahme der drei letzten Abschnitte des ersten Kapitels von Prof. *Chapman* geschrieben, das dritte Kapitel und die genannten Abschnitte von *R. S. Lindzen*. Entstanden ist eine Monographie, in der auf außerordentlich glückliche Weise die umfassende Sachkenntnis und die große Erfahrung des älteren Gelehrten mit den Ideen und dem Wissen des mit modernen mathematischen Methoden arbeitenden jüngeren Wissenschaftlers verknüpft wurde. Sie beeindruckt durch ihren Gedankenreichtum, durch ihren methodischen Aufbau, durch viele kritische Hinweise auf noch nicht oder nur ungenügend verstandene Erscheinungen und fordert durch diese Art der Darstellung zur Mitarbeit heraus. Der Leser wird es zu schätzen wissen, daß er theoretisch gewonnene Ergebnisse und praktische Befunde vergleichen kann. Er wird den Autoren dafür zu danken haben, daß sie, um jedes Mißverständnis auszuschließen, sehr sorgfältig in einer besonderen Zusammenstellung alle Abbildungen und deren Inhalt durch ausführliche Zusatzangaben genau charakterisieren und beschreiben.

Das Buch ist eine Fundgrube für den, der sich dem Gebiet der Gezeitentheorie in der Atmosphäre zuzuwenden gedenkt. Durch die wohlausgewogenen Beiträge zur geschichtlichen Entwicklung, zur Analyse und Interpretation der Beobachtungsdaten und zur Theorie ist es dem Studierenden höheren Semesters und sowohl dem an praktischen Fragestellungen als auch dem an theoretischen Betrachtungen interessierten Wissenschaftler wärmstens zu empfehlen.

Ein sorgfältig und breit angelegtes Namen- und Stichwortregister und sogar ein Register für die im Buch verwendeten Ortsbezeichnungen erleichtern das Nachschlagen; das umfangreiche Literaturverzeichnis ermöglicht den Zugang zur Originalliteratur. Hervorzuheben ist schließlich auch die ausgezeichnete drucktechnische Gestaltung, die man leider bei manch anderer Publikation vermißt.

B. Barg

Wiesner, C. J.: Hydrometeorology, Chapman and Hall LTD, London 1970

Mit dem vorliegenden Titel wird, die Hydrometeorologie als das Teilgebiet der Meteorologie sehend, das sich mit dem in der Atmosphäre ablaufenden Teil des hydrologischen Zyklus befaßt, für Hydrologen, in gleicher Weise aber auch für Meteorologen und für Geographen von Interesse, eine Interpretation der physikalischen Prozesse in der Atmosphäre gegeben, wie sie für den, der sich in der Praxis mit den Zusammenhängen und Wechselwirkungen zwischen Atmosphäre und Hydrosphäre auseinanderzusetzen hat, als Grundwissen eigentlich unentbehrlich ist. Letztlich auch als Lehrbuch für Studenten gedacht und damit eine in der Tat bestehende Lücke schließend wird hier eine Darstellung der Vorgänge in der Atmosphäre gegeben, wie sie im Wasserkreislauf wirksam werden, wobei ausgehend von der Wärmebilanz und der Zirkulation in der Atmosphäre die Klimate und die sie bestimmenden meteorologischen Elemente, dabei auch die Evaporation einschließend, behandelt und die Problematik sowohl der Meßwerterfassung wie auch der Analyse und der Extrapolation der Daten diskutiert werden. Daß der Niederschlag als Endprodukt meteorologischer Prozesse und Ausgang des hydrologischen Geschehens auf der Erde überhaupt eine ausführlichere Darstellung erfährt, ist nur zu begrüßen, insbesondere auch deshalb, weil damit – und das ist mit das Hauptanliegen des Autors – die Problematik des PMP (probable maximum precipitation) einmal kritisch betrachtet wird und die verschiedenen Verfahren zur Berechnung des maximal möglichen Niederschlags vorgestellt werden (Modelle und statistische Analyse extremer Niederschlagsereignisse). Was das Buch dabei besonders wertvoll macht, ist die Vielzahl der im Text aufgenommenen Beispiele, die in dieser Form zwar in erster Linie für die Anwendung in der Praxis durch die Ingenieurhydrologie gedacht sind, darüber hinaus aber auch dem Geowissenschaftler durchaus noch Anregungen für eigene Untersuchungen zu geben vermögen.

H. Schubert

Seyfert, F. Phänologische Studien im Erzgebirge Abhandlungen des Meteorologischen Dienstes der DDR. Nr. 91 (Bd. XII) 38. S (1970) 2 Abb., 4 Tab., 5 Karten, 12,– M.

In einer ausführlichen Darstellung werden, ausgehend von den phänologischen Beobachtungen der Jahre 1947–1958 an

210 Beobachtungen auf beiden Seiten des Erzgebirges, die Einzelheiten des phänologischen Jahresablaufes herausgearbeitet, die in der Monographie „Klima und Witterung im Erzgebirge" (Autorenkollektiv) nur als Kurzfassung erscheinen konnten. Für die Aufstellung von Mittelwerten einer größeren Anzahl von phänologischen Phasen erwiesen sich 90 Stationen als geeignet, die aus einer Transparentkarte zu ersehen sind. Die übrigen Beobachtungsstellen wurden namentlich für die Betrachtung phänologisch anormaler Jahre verwendet.

Zur Charakterisierung des jährlichen Ablaufes der Vegetationsperiode wurden 46 Phasen an 24 Objekten untersucht, ihr regionales Auftreten beschrieben und für die Phasen: Beginn von Süßkirschenblüte, Fliederblüte, Winterroggenernte und Laubverfärbung in Karten dargestellt. Neben den 12-jährigen Mittelwerten der phänologischen Daten sind durch die Berechnung der mittleren quadratischen Abweichung auch Aussagen über die Häufigkeitsverteilung der einzelnen Daten möglich.

Für die praktische Anwendung der Darstellungen dürfte es von großer Bedeutung sein, daß nicht nur über die Gebiete mit zeitiger oder später Pflanzenentwicklung, sondern auch über die mögliche Streuung dieser Daten in den einzelnen Jahren Aussagen gemacht werden. So sind z. B. begünstigte Gebiete im ersten Teil der Vegetationsperiode durch ein frühes Auftreten der phänologischen Phasen, verbunden mit einer geringen zeitlichen Streuung in den einzelnen Jahren gekennzeichnet. Damit bekommt die Landwirtschaft Kriterien für eine exakte Anbauplanung in die Hand, wenngleich vermutet werden kann, daß diese Kenntnisse bisher schon als Erfahrungswerte genutzt worden sind.

Aber nicht nur für die langfristige Planung haben diese sehr detaillierten Untersuchungen Bedeutung. Sie dienen auch als natürlicher Kalender, nach dem sich der Landwirt z. B. bei der Festlegung von agrotechnischen Terminen richten kann. Das dürfte gerade in einem stark gegliederten Gelände für die Einführung industriemäßiger Formen der landwirtschaftlichen Produktion von Nutzen sein.

U. Wendling

Reiter, E. R.: Strahlströme, ihr Einfluß auf das Wetter. Verständliche Wissenschaft, Band 108, Springer-Verlag Berlin-Heidelberg-New York 1970, 196 Seiten mit 78 Abbildungen, 3 Tabellen und 12 Tafeln, DM 7,80

In der Reihe „Verständliche Wissenschaft" erschien jetzt als Band 108 das zur Besprechung vorliegende Buch. Es ist sehr zu begrüßen, daß der Autor der „Meteorologie der Strahlströme", jenem Standardwerk in deutscher Sprache, es nunmehr auch unternommen hat, mit dem vorliegenden Buch uns das gesamte „Leben" der globalen Atmosphäre zu erklären und besser verstehen zu helfen.

Der grundlegende Einfluß, den die Strahlströme auf Wetter und Klima und damit auf das menschliche Wohlbefinden ausüben, wird hier in leicht verständlicher Form klar gemacht.

Dem Verfasser gebührt das Verdienst, sich mit Erfolg darum bemüht zu haben, in abstrakt erscheinende physikalische Vorgänge auch dem Nichtmeteorologen einfach und doch anschaulich Einblick zu gewähren.

Während im ersten Kapitel Einblick gegeben wird in die Geschichte der Strahlstrommeteorologie, befaßt sich der Autor im zweiten bis vierten Kapitel sehr eingehend mit der Höhenwindmessung, einschließlich der erforderlichen Grundbegriffe, und der Darstellung von Windprofilen (vertikal wie horizontal). Der Begriff der Windscherung wird hierbei besonders deutlich verständlich gemacht.

Im fünften Kapitel ist der Entstehung des Strahlstromes das Augenmerk gewidmet, wobei in sehr anschaulicher Weise die Wirkung von Corioliskraft und Drehimpuls gezeigt wird.

Die letzten Kapitel geben Einblick in die kausalen Zusammenhänge zwischen Strahlstrom und Wetter wie auch Klima.

Das Buch kann auch jedem Nichtmeteorologen, der Interesse an atmosphärischen Vorgängen hat, empfohlen werden. Der Stoff wird tatsächlich sehr verständlich vermittelt, mit vielen anschaulichen Abbildungen und Vergleichen.

W. Keller

Proceedings of the 11th International Conference on Cosmic Rays, Volume 2, Budapest, August 25 – September 4, 1969 Akadémiai Kiadó, Budapest 1970, Edited by A. Somogyi (Supplement to Volume 29, Acta Physica Academiae Scientiarum Hungaricae), ca. 770 Seiten, Preis unbekannt

Dieser 2. Band der Konferenz-Veröffentlichungen befaßt sich mit den Hauptgebieten Solare Kosmische Strahlung, Modulation der galaktischen Strahlung, magnetosphärische und atmosphärische Effekte. Da er insgesamt 123 Originalbeiträge über Ergebnisse enthält, die knapp 2 Jahre alt sind, vermittelt er einen umfassenden und modernen, allerdings recht heterogenen Überblick über Forschungsarbeiten in den verschiedensten Instituten der Welt. Durch das Fehlen jeglicher Untergliederung des Inhalts wird leider das Suchen nach Arbeiten über bestimmte Probleme sehr erschwert. Da bei dem vorliegenden Besprechungsexemplar aber die letzten 20–30 Seiten fehlten, ist es möglich, daß eine derartige Aufgliederung am Schluß des Buches unter der Rubrik „Paper Numbers" vorgenommen wird. Unter Berücksichtigung anderer Konferenzunterlagen kann man die 123 Beiträge etwa folgendermaßen untergliedern: Sonnentägliche Variation, Anisotropien und Gradienten, 27tägige Variation, 11-jährige Variation, Forbush-Effekte, Protonenflares, solare Röntgenstrahlung, solare Elektronen und Neutronen, Komponenten in der Atmosphäre. Dieses breite Spektrum moderner Arbeitsgebiete macht das Buch zweifellos zu einem wertvollen Handbuch für alle auf dem Gebiet der Kosmischen Strahlung oder Nachbargebieten tätigen Wissenschaftler.

Druck und Ausstattung sind sehr gut, leider sticht der broschürenartige Einband davon recht negativ ab und verlangt eine schonende Behandlung.

R. Knuth

Schriftleitung: Prof. Dr. K. Bernhardt, Berlin, Prof. Dr. E. A. Lauter, Berlin und Prof. Dr. H. Pleiß, Dresden · Verantwortlicher Redakteur: Doz. Dr. *R. Haake*, Potsdam. *Verlag:* Akademie-Verlag GmbH, 108 Berlin, Leipziger Straße 3–4, Fernruf 22 04 41 · Telex-Nr. 011 2020, Postscheckkonto: Berlin 350 21 · Die Zeitschrift für Meteorologie erscheint in zwangloser Folge. Bezugspreis für die Z. f. Met.: je Einzelheft M 6,–, Doppelheft M 12,– (Sonderpreis für die DDR M 4,– bzw. M 8,–) zuzüglich Porto und Versandkosten. Bestellungen an eine Buchhandlung erbeten. Bestellnummer dieses Heftes: 1013/23/1–2. Alleinige Anzeigenannahme DEWAG-Werbung Berlin, 1054 Berlin–Hauptstadt der DDR–Wilhelm-Pieck-Str. 49 und alle DEWAG-Betriebe und Zweigstellen der Bezirke der DDR. Keine Ersatzansprüche durch höhere Gewalt · *Herstellung:* IV/2/14 VEB Druckerei »Gottfried Wilhelm Leibniz«, 445 Gräfenhainichen/DDR · Veröffentlicht unter der Lizenznummer 1281 des Presseamtes beim Vorsitzenden des Ministerrates der Deutschen Demokratischen Republik.

MIX

Papier | Fördert gute Waldnutzung

FSC® C083411

Kolibri 360 GmbH
Ferdinand-Jühlke-Straße 7
99095 Erfurt, Deutschland
produktsicherheit@kolibri360.de